羅伯特・羅柏蘭諾（ROBERTO LOBRANO）——著

吳宜庭——譯

義式冰淇淋四季風味指南

48位義大利職人的100道GELATO食譜選集

義式冰淇淋四季風味指南

48 位義大利職人的 100 道 GELATO 食譜選集

L'arte del GELATO 100 RICETTE PER TUTTO L'ANNO

作者	羅伯特・羅柏蘭諾（Roberto Lobrano）
攝影	馬可・瓦羅利（Marco Varoli）
譯者	吳宜庭
責任編輯	王奕
排版設計	吳侑珊
封面設計	郭家振
行銷企劃	張嘉庭
發行人	何飛鵬
事業群總經理	李淑霞
社長	饒素芬
圖書主編	葉承享

國家圖書館出版品預行編目(CIP)資料

義式冰淇淋四季風味指南：48位義大利職人的100道GELATO食譜選集/羅伯特．羅柏蘭諾(Roberto Lobrano)作；吳宜庭譯. -- 初版. -- 臺北市：城邦文化事業股份有限公司麥浩斯出版出版：英屬蓋曼群島商家庭傳媒股份有限公司城邦分公司發行, 2024.08
　面；　公分
譯自：L'arte del GELATO 100 RICETTE PER TUTTO L'ANNO
ISBN 978-626-7401-60-6(平裝)

1.CST: 冰淇淋 2.CST: 點心食譜 3.CST: 義大利

427.46　　　　　　　　　　113005656

出版	城邦文化事業股份有限公司 麥浩斯出版
E-mail	cs@myhomelife.com.tw
地址	115 台北市南港區昆陽街 16 號 7 樓
電話	02-2500-7578
發行	英屬蓋曼群島商家庭傳媒股份有限公司城邦分公司
地址	115 台北市南港區昆陽街 16 號 5 樓
讀者服務專線	0800-020-299（09:30～12:00；13:30～17:00）
讀者服務傳真	02-2517-0999
讀者服務信箱	Email: csc@cite.com.tw
劃撥帳號	1983-3516
劃撥戶名	英屬蓋曼群島商家庭傳媒股份有限公司城邦分公司
香港發行	城邦（香港）出版集團有限公司
地址	香港九龍九龍城土瓜灣道 86 號順聯工業大廈 6 樓 A 室
電話	852-2508-6231
傳真	852-2578-9337
馬新發行	城邦（馬新）出版集團 Cite（M）Sdn. Bhd.
地址	41, Jalan Radin Anum, Bandar Baru Sri Petaling, 57000 Kuala Lumpur, Malaysia.
電話	603-90578822
傳真	603-90576622
總經銷	聯合發行股份有限公司
電話	02-29178022
傳真	02-29156275
製版印刷	凱林彩印股份有限公司
定價	新台幣 799 元／港幣 266 元

2024 年 8 月初版一刷
ISBN 978-626-7401-60-6 Printed In Taiwan
版權所有 ・ 翻印必究（缺頁或破損請寄回更換）

L'arte del GELATO 100 RICETTE PER TUTTO L'ANNO
Copyright © 2021 SLOW FOOD EDITORE S.r.l.
Bra (CN)
www.slowfoodeditore.it
through The PaiSha Agency
Traditional Chinese edition copyright: 2024 My House Publication, a division of Cité Publishing Ltd.
All rights reserved.

目次

前言 … 5
基本製作技巧及專有名詞解釋 … 8

春季

史蒂芬諾‧巴耶利（Stefano Baglieri） … 12
　特里那克里亞雪酪
　童年風味義式冰淇淋（百花蜜與芝麻）

費圖利歐‧邦迪（Vetulio Bondi） … 16
　佛樂多奶油或佛羅蒂娜奶油冰淇淋
　特級初榨橄欖油義式冰淇淋

西蒙娜‧卡爾曼紐拉（Simona Carmagnola） … 20
　番紅花燉飯風味義式冰淇淋
　拉巴巴羅雪酪

李奧納多‧切斯辛（Leonardo Ceschin） … 24
　蒙特山菊苣義式冰淇淋
　熊大大蒜義式冰淇淋

羅薩利歐‧李奧納‧德安吉羅（Rosario Leone D'Angelo） … 28
　絲貝爾加甜桃雪酪
　橙花可可脂義式冰淇淋

薇羅妮卡‧費德勒（Veronica Fedele） … 32
　波羅伏洛內乳酪佐櫛瓜脆片與普列薄荷義式冰淇淋
　優格蜂蜜榛果脆片義式冰淇淋

法布里奇歐‧費努（Fabrizio Fenu） … 36
　蘆筍杏仁柑橘雪酪
　柑橘小茴香雪酪

史蒂芬諾‧費拉拉（Stefano Ferrara） … 40
　義式羊奶乳酪蛋白佐泰拉奇娜草莓醬義式冰淇淋
　內米草莓雪酪

史蒂芬諾‧圭澤帝（Stefano Guizzetti） … 44
　苜蓿草義式冰淇淋
　蜂蠟義式冰淇淋

艾莉卡‧夸帝利妮（Erika Quattrini） … 48
　牧羊人綿羊乾酪蜂巢蜜義式冰淇淋
　波爾多諾沃野生扇貝雪酪

泰拉‧賽梅拉諾（Taila Semerano） … 52
　櫻桃佐托里多杏仁奶油糖霜雪酪
　Pashà：羊奶乳酪義式冰淇淋佐蜜煮櫻桃

羅伯特‧羅柏蘭諾（Roberto Lobrano） … 56
　羅勒花義式冰淇淋

夏季

阿帝利奧‧亞歷山大（Attilio Alessandro） … 60
　羅比奧拉山羊乳酪蛋糕義式冰淇淋
　檸檬蛋奶霜義式冰淇淋

雅各柏‧巴樂那（Iacopo Balerna） … 64
　維尼奧拉黑莓櫻桃雪酪
　拉維喬洛軟乳酪與焦糖無花果佐薩巴葡萄醬義式冰淇淋

蘿倫薩‧貝妮妮（Lorenza Bernini） … 68
　阿列帝科風乾甜葡萄酒醬與小茴香義式冰淇淋
　布魯斯柯利諾烤南瓜子義式冰淇淋

路易吉‧布南塞納（Luigi Buonansegna） … 72
　斯蒂亞諾開心果雪酪
　卡多尼亞草莓紅椒雪酪

西莫‧德‧費歐（Simone De Feo） … 76
　酸櫻桃香草鹽味雪酪
　莫雷塔黑莓櫻桃迷迭香義式冰淇淋

克利斯丁‧拉茲克勞恩（Christian Latschrauner） … 80
　接骨木杏桃雪酪
　優格蘋果迷迭香義式冰淇淋

辛西雅‧歐特利（Cinzia Otri） … 84
　佩雷古力諾‧阿爾圖西義式冰淇淋
　蜜桃紅酒雪酪

路易吉‧佩魯奇（Luigi Perrucci） … 88
　加爾加諾仙人掌果雪酪
　無花果杏仁雪酪

奇雅拉‧塞佛提（Chiara Saffioti） … 92
　佩特羅薩仙人掌果冰沙
　「我的」卡拉布里亞冰沙

柯拉多與柯斯坦帝諾‧塞內利父子
（Corrado e Costantino Sanelli） … 96
　帕瑪森乳酪蜂蜜義式冰淇淋
　酸櫻桃雪酪

雷納多‧特拉巴爾札（Renato Trabalza） … 100
　沙巴雍‧哈姆雷特義式冰淇淋
　緋紅晚霞雪酪

圭鐸‧贊多那（Guido Zandonà） … 104
　寧靜粉紅義式冰淇淋
　特級奶油海鹽焦糖義式冰淇淋

羅伯特‧羅柏蘭諾（Roberto Lobrano） … 108
　肉桂托瑪迪格雷索尼乳酪義式冰淇淋

秋季

克勞迪歐・巴拉奇（Claudio Baracchi） 112
  莫德納25年陳年巴薩米克酒醋義式冰淇淋
  濃縮葡萄果漿帕瑪森乾酪義式冰淇淋
史蒂芬諾・切科尼（Stefano Cecconi） 116
  羊奶乳酪西洋梨義式冰淇淋
  有機瓦爾迪奇亞納無花果雪酪
法蘭西斯柯・狄奧雷塔（Francesco Dioletta） 120
  阿布雷佐甜味披薩義式冰淇淋
  阿布雷佐拉塔霏果仁酒義式冰淇淋
艾黛勒・伊烏莉安諾（Adele Iuliano） 124
  檸檬酒番紅花奶醬義式冰淇淋
  蘇連托核桃奶醬義式冰淇淋
法蘭西斯卡・馬拉利（Francesca Marrari） 128
  紅芹菜蘋果核桃雪酪
  黃桃餡雪酪
艾曼紐・莫內羅與朱利歐・羅奇
  （Emanuele Monero e Giulio Rocci） 132
  柿子與糖漬栗子雪酪
  都靈之吻義式冰淇淋
盧卡・帕諾左（Luca Pannozzo） 136
  楊梅雪酪
  利古雷榛果牛奶蜂蜜義式冰淇淋
伊凡諾・皮耶加利（Ivano Piegari） 140
  皇家沙巴雍義式冰淇淋
  初雪義式冰淇淋
保羅・波西（Paolo Possi） 144
  卡穆那乳酪義式冰淇淋
  山丘微風雪酪
希爾維雅・杜蘭提（Silvia Duranti） 148
  瑞可塔無花果核桃義式冰淇淋
  蘋果捲義式冰淇淋
安德烈・索班（Andrea Soban） 152
  純素之吻義式冰淇淋
  苦味冰淇淋
西莫・瓦洛托（Simone Valotto） 156
  格拉帕莫拉科乳酪佐發酵西洋梨義式冰淇淋
  水蜜桃洋甘菊酥皮杏仁餅乾義式冰淇淋
尼古拉・維利諾（Nicolò Vellino） 160
  薩丁尼亞白蘭地義式冰淇淋
  博洛塔納瑞可塔乳酪番紅花義式冰淇淋
羅伯特・羅柏蘭諾（Roberto Lobrano） 164
  巴薩米克酒醋奶醬義式冰淇淋

冬季

法比歐・布拉丘帝（Fabio Bracciotti） 168
  水果蜜餞甜麵包義式冰淇淋
  咖啡茴香酒義式冰淇淋
保羅・布魯內利（Paolo Brunelli） 172
  路易莎瑞可塔乳酪義式冰淇淋
  薑餅義式冰淇淋
安東尼奧・卡帕多尼亞（Antonio Cappadonia） 176
  切爾達朝鮮薊柑橘義式冰淇淋
  加古利晚熟柑橘雪酪
馬特奧・卡爾羅尼（Matteo Carloni） 180
  聖康斯坦左水果乾蛋糕義式冰淇淋
  柿子雪酪
阿爾南多・孔佛多（Arnaldo Conforto） 184
  維洛納黃金聖誕麵包義式冰淇淋
  糖煮蘋果雪酪
詹法蘭西斯柯・庫特利（Gianfrancesco Cutelli） 188
  義式牛奶佐三種巧克力碎片冰淇淋
  核桃生薑義式冰淇淋
瓦勒利歐・艾司波西多（Valerio Esposito） 192
  烏龍茶發酵柳橙義式冰淇淋
  分解式巧克力義式冰淇淋
瑪爾蒂娜・法蘭西斯柯尼（Martina Francesconi） 196
  西洋梨粉紅胡椒義式冰淇淋
  橙花巧克力義式冰淇淋
阿爾貝托・馬爾切提（Alberto Marchetti） 200
  摩卡咖啡義式冰淇淋
  起司蘋果肉桂蛋糕義式冰淇淋
安東尼奧・梅札利拉（Antonio Mezzalira） 204
  琥珀花瓣風乾葡萄甜白酒義式冰淇淋
  牛奶義式冰淇淋佐榛果巧克力醬和白珍珠玉米粉餅乾
喬凡娜・穆蘇莫奇（Giovanna Musumeci） 208
  羊奶瑞可塔乳酪義式冰淇淋
  非典型杏仁巧克力義式冰淇淋
露西雅・薩皮雅（Lucia Sapia） 212
  水牛瑞可塔乳酪與檸檬蜜餞佐切爾維亞海鹽義式冰淇淋
  初冬的擁抱
羅伯特・羅柏蘭諾（Roberto Lobrano） 216
  皮耶蒙特高山乳酪蜂蜜義式冰淇淋
  地中海的擁抱

索引 222

前言

身為一名義大利人,是相當幸運的一件事。義大利擁有多樣豐富的生態系與自然景觀,得以孕育出一片豐饒。得益於大自然的恩賜以及我們被賦予對飲食不同凡響的創造力,義大利的美食文化廣為世人所知,可惜我們卻難以體認與欣賞這片土地。此地無庸置疑是義式手工冰淇淋的誕生之地,但撇除深入探討義式冰淇淋源於義大利的歷史(和傳說)外,我想從以下三個觀點開始說起:

- 過去宮廷時代,義式冰淇淋代表著高檔精緻,進而發展為驚艷饕客的享樂性美食。
- 在現代,義式冰淇淋則是大眾美食,深受所有人的喜愛。
- 講究在地性、季節性與象徵當地傳統美食的義式冰淇淋,是極佳的宣傳工具。

這些因素促使我決定展開一場深度探索義大利的旅程,找尋講究季節性又能發揚當地文化的創新方式,玩轉我所喜歡被稱為「涼食」(Cucina del freddo)的料理。也要感謝我那些天賦異稟的義式冰淇淋夥伴們,協助我編制出這本遍及義大利所有地區且與四季相應的義式冰淇淋食譜,同時一掃其經常被人們誤認為一道簡單的夏季冰品,卻在冬季被遺忘的印象。

12歲時,我父親在薩沃納省(Savona)的塞拉利古雷(Celle Ligure)收購了他的第一家義式冰淇淋店。那是我童年中最美好的時光,節慶來臨時,在這間販賣著全義大利最美味冰淇淋的店鋪,我還能毫無顧忌地品嚐所有口味。

自那時起,四十五年過去了,我經歷了許多不同的生活體驗。最初的二十年裡,我主要在實驗室和櫃檯邊工作,因此基本上我是從零開始學習製作義式冰淇淋的技術,同時也感謝那些我所遇到,且深深影響著我、令我景仰的義式冰淇淋大師們,他們傳遞熱情與文化的

能力，激勵著我向他們看齊。在這二十五年中，作為一名漂泊的義式冰淇淋師，我有幸能四處探訪、結識業界裡許多優秀的專業人士，其中不乏有非常注重自己土地特色發展的義式冰淇淋師。這也因此促成了我邀請他們一同參與這次食譜編制的想法，但我必須先說明，這並不是一份詳盡的義式冰淇淋食譜清單，主要是因頁數限制，許多優秀的同事無法在書中被提及，但我希望這份食譜，僅是這段食譜編制旅程的開始。在未來，將會有更多人參與其中，證明在義式冰淇淋的世界，有許多技巧運用嫻熟，且將在地特色發揮得淋漓盡致的義式冰淇淋專家們。

我請每位義式冰淇淋師發揮想像力，不受限制，提供一道創意冰淇淋食譜，但同時我也提醒他們，別忘了兼顧簡約與經典的風格，以便讀者在家中僅需使用少許的食材及一台簡單的義式冰淇淋家用機，就能做出義式冰淇淋。綜上所述，這本特別食譜的誕生囊括了兩種層面：其一是我們提供的食譜有助於激發複雜且精緻的烹飪靈感，但一般讀者也都有機會嘗試書中至少一半的不敗經典食譜。

於家中自製義式冰淇淋：所需材料與方法
義式冰淇淋的製作過程非常繁複且物理結構不穩定，這是因其同時存在多種物理狀態：
・溶解液，即溶解於牛奶或水中的糖分。
・懸浮物，散佈於混合材料中的纖維和蛋白質。
・乳狀液，脂肪類物質在水中不穩定的結合。
・泡沫，於冰淇淋基質中分散的小氣泡。
・同時存在的液態水和冰。

製作過程需不停地攪拌，並確保冰淇淋保存在低溫下。因為微小的冰晶和氣泡的存在，對於是否能製作出最佳狀態的義式冰淇淋至關重要，若冰晶過大，會造成冰淇淋過冷且有顆粒感，然而若沒有氣泡，會結凍導致呈現類似於冰磚或冰棒的狀態。

因此若想在家中製作出好吃的義式冰淇淋，需要擁有一個具備良好散熱能力的冷卻系統。至於材料混合的準備工具，可使用一般的鍋具、一個精準的磅秤、一支探針溫度計、一個手持攪拌機和一個橡膠刮刀。許多需要加熱處理的步驟也可以使用同時能攪拌與加熱的食物處理機。後續將會提及如何使用美善品多功能料理機（Thermomix）。

特殊製程、彩色波紋與醬料
本書不僅提供義式冰淇淋食譜，還包括所有與義式冰淇淋製作相關的加工食譜處理步驟，像是醬料、餅乾、奶油到糖漿，提供您品嚐冰淇淋時更加完整豐富的感官體驗。

義式冰淇淋不單是一種經過簡單乳化攪拌後，放在甜筒上的冰品，它可以是繁複餐點的佐餐配料，也可以在糕點店裡與其他甜點相互映襯，甚至與高級料理或精緻甜點相媲美，作為義大利美食代表之一當之無愧。

高級義式冰淇淋店的概念與七大原則

那些在美食界被稱之為「美食家」的人，他們了解烹飪藝術，且擅於欣賞精緻風味；習慣細細品嚐，且能掌握食物於文化、社會與情感上的些微差異。他們不斷追求所謂的「高級料理」，意即超水準的烹飪藝術，這要歸功於廚師卓越的食材挑選能力，他們深切理解原料，並以過人的創意組合各種平凡元素、精準掌握烹飪與擺盤的技巧，再加上對在地文化歷史與飲食傳統的充分理解，而能從中汲取靈感。

專業的高級義式冰淇淋師其實同樣經歷了與高級料理廚師相似的教育訓練，因此在專業領域上，他們對於製作雪酪（Sorbetto）、義式冰淇淋（Gelato）、冰沙（Granita）等冰品甜點所使用的原料有深入的了解。我們也可以說，高級義式冰淇淋師是一群能創造出新食譜與配方的實驗家，以各式冰淇淋創作滿足「美食家」（Gourmet del cibo）的要求。

高級義式冰淇淋店的七大原則

1. 了解研發一份配方平衡的食譜所需的基本知識、原料的基本化學與物理特性，和傳統冷凍技術。

2. 永遠、永遠、永遠要使用磅秤，並且忘掉「一撮」（un pizzico）或「適量」（quanto basta）等用語。

3. 懂得尋找、品嚐和辨識來自大自然的原料品質，並以感官加以深入分析。

4. 客觀地品嚐同事的冰淇淋，並不斷地尋找新原料。

5. 永遠不要低估小孩對冰淇淋的評價。

6. 知道如何講述自己在製作上的取捨與選擇，表明這些選擇所代表的價值並協助他人理解原由。

7. 忘記第一條規則，通過不斷實驗，突破物理定律，尋求新的途徑，達到平衡完美口味的最高目標。

基本製作技巧及專有名詞解釋

巴氏殺菌法（Pastorizzare）
與降溫（Raffreddare）
運用本書食譜製作冰品時，過程中涵蓋了加熱殺菌的階段：也就是通過加熱與混合原料來製作液態混合物。這個製程在義式冰淇淋店被稱為「巴氏殺菌法」，其主要由三個階段組成：第一個階段是加熱至特定溫度（通常為攝氏 85 度，但溫度範圍可介於攝氏 65 度至攝氏 90 度之間）；達到一定溫度後，持續加熱的時間會隨著溫度升高而相對縮短（例如，加熱至攝氏 65 度需時 30 分鐘，至攝氏 75 度時，需 15 分鐘，至攝氏 85 度時，則僅需 15 秒）；最後則是最重要的階段，放入冰箱或利用急速冷卻機，快速且持續冷卻階段，以防止細菌污染。

通常義式冰淇淋店在巴氏殺菌加熱階段會使用一台體積較大的「巴氏殺菌機」，以程式化的方式自動完成以上三個階段。若在家中，前面兩階段的殺菌則可借助美善品（Thermomix）多功能料理機來混合、加熱及控溫，也可使用鍋子、瓦斯爐和探針溫度計進行。至於冷卻階段，可透過急速冷卻機快速冷卻，或在冰箱進行慢慢冷卻。

乳化攪拌（Mantecare）
前三個階段完成後便是冷凍階段的製程。這個階段需要盡可能快速地完成，以獲得口感細膩、且不會過冷的冰淇淋，這個動作稱為「乳化攪拌」，冰淇淋的液態混合物在冷凍的過程中，需要不停地攪拌，以確保其結構狀態保持均勻，能吸收適量的空氣。

冰淇淋店裡的冰淇淋機，依照攪拌缸的方向，分為垂直式或水平式。其製冷功能十分強大，通常僅需 7 至 15 分鐘便能將一桶 3 公斤重的冰淇淋液態混合物結凍，同時確保口感滑順，易於挖取。然而，由於家用冰淇淋機的尺寸較小，在家中進行乳化攪拌的速度通常會比冰淇淋店裡的商用冰淇淋機還慢，因此若想達到最佳狀態，最好購買自冷式冰淇淋機，而非需要先將冰淇淋機的內膽放入冷凍庫中預冷的預冷式冰淇淋機。

除了一些需要額外製程的冰品，本書中所有的奶油、義式冰淇淋和雪酪食譜都是以材料總重正好一公斤為標準。

冰淇淋製作原料
製作冰淇淋時，選用某些添加物能進一步增強冰淇淋的狀態與口感。這些原料通常包含不同種類的糖、麵粉與天然的植物纖維，現今都能透過網路快速查詢。以下是本書食譜所使用的原料表：

- **洋菜（Agar agar）**：一種自海藻提取的天然增稠劑和凝膠劑，可溶於熱水中並在攝氏 60 度時得以活化。每公斤的原料混合物通常需要 1 至 5 克，使用份量極低。
- **α- 環糊精（Alfa-ciclodestrina）**：一種由水解澱粉提取的多醣體，由六個葡萄糖分子構成的結構，具乳化特性，我們的身體並無法消化它，因此被視為一種纖維。作為乳化劑使用時，每公斤的原料混合物會使用約 0.5 克至 2 克。
- **澄清奶油（Burro anidro）**：去掉殘留液體的奶油。一般廚房使用的奶油含水量約 14%。
- **焦化奶油（Burro noisette）**：通過攝氏 120 度的高溫加熱，引發梅納反應（Maillard，非酶褐變反應）使其呈現榛果色並帶有甜味與香氣。
- **葡萄糖（Destrosio）**：從玉米澱粉中提煉而出的糖，甜味比一般的蔗糖淡；具有很強的抗凍能力，能使義式冰淇淋更加柔軟。
- **角豆粉（Farina di semi di carrube）**：一種天然的增稠劑，中性無味，加熱時有助於形成義式冰淇淋穩定結構。每公斤的原料混合物需要 1 至 4 克，用量極少。
- **關華豆粉（Farina di semi di guar）**：又稱瓜爾豆膠，利用經烘烤和磨碎的印度植物瓜爾豆

（*Cyamopsis tetragonoba*）種子製成的一種增稠劑。這種植物屬於豆科，主要種植在巴基斯坦、加勒比海和非洲地區。它能夠在低溫下發揮作用，所需的用量極少，每公斤的原料混合物僅需 0.5 克至 3 克。

- **塔拉粉（Farina di semi di tara）**：由去殼和研磨過後的刺雲實（*Caesalpinia spinosa*）種子製成的增稠劑，也被稱為秘魯角豆。使用比例通常是原料混合物的 0.1% 至 0.4%。

- **關華豆纖維（Fibra di guar）**：可別與關華豆粉或關華豆膠搞混，它是一種高性能增稠劑，與水結合形成具彈性但不黏稠的凝膠。有助於蛋白質和脂肪的結合，具抗凝結性（如酒精）。

- **黃原膠（Gomma xantano）**：俗稱玉米糖膠，是經由野油菜黃單孢菌（*Xanthomonas campestris*）的細菌發酵（如優格）而來的增稠劑和凝膠劑，具有非常高的增稠力，且對酒精也有抗凝結性。用作增加稠度時，每公斤的液態原料混合物用量應不超過 0.5 克，但用於凝膠化時，需使用較高的劑量。

- **菊糖（Inulina）**：一種益生菌且屬於低熱量的植物纖維。從一些植物的根部，例如菊苣（cicoria）或龍舌蘭（agave）提取而來。主要用於加強含有固體成分的食譜配方，讓雪酪在不添加任何乳製品下，口感更為濃郁滑順。

- **異麥芽寡醣（Isomalto）**：從甜菜根提取的多元醇，由山梨醇（sorbitolo）和甘露醇（mannitolo）組成，其甜度和熱量是蔗糖的一半。

- **葛根粉（Kuzu）**：從多年生攀援的日本豆科植物「山葛」（*Pueraria montana*）技術性提取的天然澱粉（fecole naturale）。是一種低血糖（basso indice glicemico）的天然無麩質增稠劑，需在高溫加熱下才能發揮作用。

- **脫脂奶粉（Latte in polvere magro）**：脫水脫脂的牛奶，主要在義式冰淇淋店內使用，在沒有雞蛋蛋白的情況下，用於增加牛奶蛋白質吸收空氣的能力。

- **麥芽糊精（Maltodestrine）**：一種長鏈糖，類似葡萄糖糖漿；在義式冰淇淋店中常用的麥芽糊精有 6 到 19 種葡萄糖糖值（DE，可參見葡萄糖漿），其分子結構具穩定特性，可減緩滴落速度並防止溫度變化。

- **七號基底粉（Neutro 7）**：一種僅由猴麵包樹（baobab）、馬蘭塔樹（maranta）和印度醋栗（amla）纖維組成的商用穩定劑。

- **核桃、開心果、杏仁或榛果醬（Pasta di noci, di pistacchio, di mandorla o di nocciola）**：主要由義式冰淇淋店從製造商直接購買的精煉果醬。

- **乳清蛋白（Proteine del siero del latte）**：為不同比例的濃縮物，在市場上可找到濃度 75%、85%、90% 等比例的乳清蛋白。有助於使混合物更加黏稠，易於和空氣混合。

- **蔗糖（Saccarosio）**：經常於料理時使用的白糖，可以是蔗糖（canna）或甜菜糖（barbabietola），是一種甜味劑和抗凍劑。

- **葡萄糖漿（Sciroppo di glucosio）**：透過部分水解玉米澱粉獲得的糖混合物。市場上皆有販售粉末狀（脫水）和液態狀（添加了 20% 水份）的葡萄糖漿。根據葡萄糖的糖值（Destrosio equivalenza, DE）分類，葡萄糖漿 DE 值通常在 28 到 72 之間。DE 值越高，組成糖漿的葡萄糖鏈越短，葡萄糖漿的特性就越接近葡萄糖。值得注意的是，DE 值 97 的葡萄糖漿基本上就是葡萄糖。

- **中性穩定劑（Stabilizzante neutro）**：一種乳化劑及黏稠劑的混合物，製作冰淇淋時，主要用於保持原料混合物狀態的穩定。用量極少，每公斤原料混合物僅需 2 至 5 克。本書中主要使用含有角豆粉、塔拉粉和關華豆粉的中性穩定劑。

- **海藻糖（Trealosio）**：由兩個葡萄糖分子組成的雙糖（disaccaride）。存在於酵母、菌類和昆蟲界，例如金龜子的蛹中。它能夠調節保持水分，雖具有與蔗糖相同的抗凍能力，但相對於蔗糖的甜度較低（45%），因此常使用於不太甜膩的義式冰淇淋甜品中。

Primavera 春季

西西里島

史蒂芬諾・巴耶利
Stefano Baglieri

史蒂芬諾・巴耶利（Stefano Baglieri）是名義式冰淇淋師兼糕點師，注重於提升在地產品的價值，致力於選用當地食材，打造簡約風格。為了增強冰淇淋配方中的天然健康元素，他進行了大量的實驗，以求取得最佳平衡。他的冰淇淋店位於拉古薩省（Ragusa）的波札洛鎮（Pozzallo），店名為「職人」（L'Artigianal），清楚說明了他對於義式冰淇淋的堅持。

特里那克里亞雪酪
Sorbetto Trinacria

它不只是巧克力！特里那克里亞雪酪擁有令人意想不到且陶醉的滋味，十足展現了西西里島海岸經典角豆（carruba）精湛的加工過程。

這款雪酪簡單而獨特，成功呈現了果實的色澤與天然的甜味，藉由融合可可脂、加庫利（Ciaculli）柑橘的果皮（列入慢食協會 Presidio Slow Food 美味方舟清單）和可可碎（一種從可可豆中提取的顆粒，能在某些超市或專賣店購買到），以達成柔滑的口感。

材料

- 蔗糖 99 克
- 葡萄糖 12 克
- 中性穩定劑 5 克
- 水 646 克
- 相思樹蜜 112 克
- 可可脂 56 克
- 角豆果肉 68 克
- 柑橘果皮絲
- 可可碎粒

將所有材料放入小鍋中，加熱至攝氏 85 度，然後將上述的原料混合物放進冰箱中冷卻數小時。將其攪拌進行乳化，上桌時再加入柑橘皮絲和可可碎粒。

建議搭配食材

紅肉或義式白奶凍。

製程補充

橙醬 Pasta arancia

材料

- 糖漬橙皮 750 克
- 蔗糖 100 克
- 62 DE 葡萄糖糖漿 150 克

將所有材料放入美善品食物料理機（Thermomix）中，以攝氏 80 度加熱並混合，大約持續 45 分鐘後，將溫度降至攝氏 4 度再放進冰箱保存。

童年風味義式冰淇淋（百花蜜與芝麻）
Gelato ai profumi d'infanzia

這道食譜結合了西西里島伊布雷山（Monti Iblei）的百花蜜、伊斯皮卡城市（Ispica）的芝麻——完美詮釋了這片土地的故事，也展現了蜂花粉其內含豐富的蛋白質、氨基酸、酶、礦物質和黃酮類等無數營養成分。

史蒂芬諾說道：「這是一份使我回憶起童年味道的食譜。」

材料

- 高品質全脂牛奶 600 克
- 鮮奶油（脂肪含量 35%）175 克
- 中性穩定劑 5 克
- 脫脂奶粉 50 克
- 乳清蛋白 1.25 克
- 6 DE 麥芽糊精 2.5 克
- 蔗糖 25 克
- 橙醬 31.25 克
- 百花蜜 118.75 克
- 葡萄糖 6.25 克
- 香草豆莢和泡水去皮檸檬
- 芝麻 25 克
- 蜂花粉

除了用於製作彩色波紋裝飾的芝麻與蜂花粉外，將其餘所有材料進行巴氏殺菌。

一旦溫度達到攝氏 85 度，加入切成薄片、去皮並去除白色絨層錫拉庫薩檸檬（Siracusano）和一顆縱向切開的香草豆莢。接下來讓其完全浸泡，並讓溫度冷卻至攝氏 4 度後，過濾混合好的原料以進行乳化攪拌。

裝盤時，以芝麻和花粉作彩色波紋裝飾。

建議搭配食材
適宜搭配開心果雪酪和覆盆子醬。

托斯卡納大區

費圖利歐・邦迪
Vetulio Bondi

他被譽為「義式冰淇淋界的鬥牛士」，也是托斯卡納式的活力、熱情與專業代表。當他不在家鄉佛羅倫斯的「邦迪義式冰淇淋店」（Gelateria del Bondi）時，他會環遊世界，將義式手工冰淇淋文化帶到世界各個角落，傳遞義式甜品的美味和趣事。若途經托斯卡納的首都，記得一定要去拜訪這位大師級的友人。

佛樂多奶油或佛羅蒂娜奶油冰淇淋
Crema freddo o crema fiorentina

據說這是第一個在佛羅倫斯彼提宮（Palazzo Pitti）製作並展示過的冰淇淋。被稱之為「佛樂多奶油」或「冷奶油」，當時會將它冰鎮於雪地內，因此其質地完全不同於與現今的義式冰淇淋。

材料

- 全脂牛奶 700 克
- 蛋黃 150 克
- 栗樹花蜜 150 克

將所有材料混合後，加熱至攝氏 72 度，並持續攪拌。保持這個溫度 15 分鐘，冷卻後將其放進冰淇淋機中乳化攪拌。

建議搭配食材
品嚐時就該像佛羅倫斯人一樣，捨棄繁複搭配，簡單乾脆地享用！

特級初榨橄欖油義式冰淇淋
Gelato all'olio extravergine di oliva

這道美味的食譜是邦迪的招牌菜，使用源自於家鄉的優質產品。

材料

- 全脂牛奶 649.5 克
- 蔗糖 100 克
- 葡萄糖 37 克
- 39 DE 葡萄糖漿 40 克
- 脫脂奶粉 30 克
- 乳清蛋白 10 克
- 角豆粉 2 克
- 海鹽 1.5 克
- 托斯卡納 IGP 地理保護認證特級初榨橄欖油 130 克

將除了橄欖油以外的所有食材邊攪拌邊加熱至攝氏 72 度。

當溫度降至約攝氏 25 度時，倒入橄欖油，攪拌後再進行乳化攪拌成冰淇淋。

建議搭配食材
是佐餐的理想選擇。

倫巴底大區

西蒙娜・卡爾曼紐拉
Simona Carmagnola

師承比薩知名製冰師——詹法蘭西斯科・庫特利（Gianfrancesco Cutelli），西蒙娜是一位年輕且經驗豐富的義式冰淇淋師，累積多年的扎實專業經驗，讓她成功在米蘭的一家義式冰淇淋店「Pavé」發揮所長。此外，她憑藉著創意與對食材深刻的理解和要求，時常在眾多美食節日和比賽中脫穎而出。

番紅花燉飯風味義式冰淇淋
Riso e zafferano

既然米蘭以番紅花燉飯而聞名，何不嘗試在家製作一個簡單的「義式冰淇淋」版本呢？

材料

- 全脂牛奶 603 克
- 蛋黃 10 克
- 蔗糖 104 克
- 葡萄糖 48 克
- 角豆粉 2 克
- 精鹽 1 克
- 番紅花絲 0.18 克
- 已煮熟的白飯 232 克

首先，使用另一個鍋子額外準備好米飯（請參考下述製程補充）。

接著，在另一個鍋中，將牛奶、蛋黃、糖、鹽和角豆粉一起加熱至攝氏 85 度，並加入番紅花絲一同混合加熱。讓其悶煮 10 分鐘後，取下冷卻。靜置冷卻 24 小時後，再加入預先煮好的米飯攪拌均勻。

最後，將前述混合好的材料整個放入義式冰淇淋機中進行充分攪打，直至乳化成柔順的奶油狀。

建議搭配食材
以可可塊製成的巧克力風味義式冰淇淋。鹹味版本的冰淇淋可搭配上濃縮的牛膝骨醬汁，或撒上一點新鮮的檸檬皮屑（zest*）、乾燥的鼠尾草和迷迭香來提香。

製程補充

米飯 Riso

材料

- 冷水 154 克
- 卡納羅利米（carnaroli）31 克
- 蔗糖 26 克
- 葡萄糖 20 克
- 精鹽 1 克

以流動的冷水多次掏洗白米後，將米飯放入冷水中煮沸；自水沸騰起，計時 15 分鐘後，加入蔗糖、葡萄糖和精鹽，再繼續煮 30 分鐘，直至水蒸發至乾。

---

*Zest 指的是以細磨刨刀刨取的柑橘類水果表皮碎屑，藉此萃取出果皮的香氣。使用的水果不能經過化學處理或塗蠟，且須經過充分的清洗。

拉巴巴羅雪酪
Sorbetto al rabarbaro

這款來自高級義式冰淇淋店的食譜配方，以簡約風格為主，但其中獨特的材料卻十分具有原創性：使用來自於萊切（Lecco）地區的一家小型公司所生產的新鮮大黃（rabarbaro）。

材料

- 水 285 克
- 蔗糖 131 克
- 葡萄糖 55 克
- 38 DE 葡萄糖漿粉 26 克
- 角豆粉 2 克
- 新鮮的大黃汁 466 克
- 菊糖 35 克

先準備糖漿，在小鍋中加入水、糖和角豆粉後，加熱至攝氏 85 度並持續不斷地攪拌，接著關火使其冷卻。

接下來將新鮮的大黃汁倒入混合，加入菊糖，攪拌均勻後，再進行冷凍攪拌。

建議搭配食材

拉巴巴羅雪酪清新酸爽的口感不僅適合搭配草莓，也適合搭配馬斯卡彭奶酪（mascarpone）和瑞可塔乳酪（ricotta），您也可將其與各種起司搭配品嚐。

佛里烏利 – 威尼斯 – 朱利亞大區

李奧納多．切斯辛
Leonardo Ceschin

李奧納多的每一份義式冰淇淋皆是創意提案的結晶，基於對高品質原料的選擇和對大自然的重視，他試圖結合各種風味，將情感轉化為美味。他的義式冰淇淋店名為「l'Esquimau」，源於法文俚語，意思是「外帶冰淇淋」。他也是一位跨界合作愛好者，在其好友史蒂芬諾．布塔佐尼（Stefano Buttazzoni）幫助下，兩人共同研製了兩道特別的食譜。

蒙特山菊苣義式冰淇淋
Radic di Mont

來到五月份，當融雪退去，卡爾尼亞（Carnia）的牧場主人會在阿爾卑斯山牧場上收集一種極嫩的野生菊苣，以用來製作沙拉或煎蛋餅。其學名是 *Cicerbita alpina*（阿爾卑斯藍菊苦菜），在佛里烏利地區，它被稱為蒙特山菊苣（radic di mont）或雪覆菊苣（radic dal glaz），已被列入慢食協會美味方舟保護清單中。

材料

- 米飴 400 克
- 全脂牛奶 250 克
- 鮮奶油（脂肪含量 35%）100 克
- 蒙特山菊苣 250 克
- 鹽

務必以冰水輕柔地清洗蒙特山菊苣，然後放在布上晾乾靜置，再用另一塊布蓋上放進冰箱。

接下來秤量粉末類材料將其混合後，倒入牛奶、鮮奶油加熱攪拌均勻。

此時可用平底鍋或美善品食物料理機，將上述混合的材料加熱至攝氏 85 度，並放入冰箱迅速冷卻。再用食物攪拌機，將蒙特山菊苣與前述的材料攪拌混合，最終在冰淇淋機進行乳化攪拌。

建議搭配食材

準備有機全麥吐司製作三明治。適宜將蒙特山菊苣冰淇淋和五花燻火腿（Sauris speck）夾入三明治，並用覆盆子和野生芹菜裝飾。

熊果大蒜義式冰淇淋
Aglio orsino

這道食譜是以熊果大蒜（*Allium ursinum*）為基底。它在佛里烏利也被稱為「ai salvadi」。於春季的灌木叢中，它會形成一片廣闊的草毯，香氣非常濃烈，據說能將熊從冬眠中叫醒。春天是品嚐這種具獨特香味植物的最佳季節，數世紀以來它一直被用於製作或調味簡單、精緻的菜餚。通常會在開花之前採摘其葉子，且只有經驗豐富的人才有辦法辨別它們，因為它們與有毒的鈴蘭葉（mughetto）十分相似。

材料

- 葡萄糖 90 克
- 海藻糖 50 克
- 菊糖 50 克
- 脫脂奶粉 40 克
- 乳清蛋白 10 克
- 穩定劑（角豆或關華豆）3 克
- 馬爾頓海鹽（Sale di Maldon）2 克
- 有機牛奶 615 克
- 鮮奶油（脂肪含量 35%）40 克
- 打發的有機蛋黃 40 克
- Dogi 特級初榨橄欖油 30 克
- 熊果大蒜葉 30 克

將所有粉末材料秤重、混合，然後加入牛奶、鮮奶油和已打發的蛋黃，加以攪拌與加熱。當溫度升至約攝氏 40 度時，以最高速度攪拌，並慢慢倒入橄欖油。

再以巴氏殺菌法將混合好的材料加熱至攝氏 85 度，並馬上冷卻至攝氏 3 度，然後與熊果大蒜葉混合攪拌直至均勻，並立即進行乳化攪拌。

建議搭配食材
煙燻鱒魚。

西西里島

羅薩利歐・李奧那・德安吉羅
Rosario Leone D'Angelo

羅薩利歐發跡於西西里島蒙福特聖喬治市鎮（Monforte San Giorgio）的一間家庭甜點店，後來他移居到米拉佐（Milazzo）海岸，在那裡開了一家名為「Siké」的小型義式冰淇淋店。這家店在很短的時間內就成為了整個西西里島的熱門景點。羅薩利歐非常注重原料的品質，熱衷於尋找各式可可品種，並嘗試各樣創新的配方。他是一個充滿活力且笑容滿面的人，擁有經驗相當豐富的團隊，其中包括才華橫溢的艾莉莎・奇勒米（Elisa Chillemi）。

絲貝爾加甜桃雪酪
Sorbetto di smergia

「Smergia」又稱「Sbergia」是一種甜桃的品種。在義大利，其採收時間為七月至八月間，但在西西里島，由於季節變化，甜桃通常在春天或夏天時成熟。

材料

- 水 250 克
- 蔗糖 225 克
- 角豆粉 4 克
- Smergia 甜桃 500 克

用水、糖和角豆粉調製熱糖漿，將其加熱至攝氏 85 度後冷卻，並放入冰箱冷藏數小時。

之後將洗淨的甜桃去皮切塊，加進前述調製好的糖漿，並用食物攪拌機充分攪打，然後放入冰淇淋機中進行乳化攪拌。

建議搭配食材
適宜搭配義式香腸開胃菜或生魚片。

橙花可可脂義式冰淇淋
Burro di cacao al profumo di zagara

這並不是普通的白巧克力，而是使用天然可可脂做成的義式冰淇淋，富含濃郁的可可香，且選用來自蒙佛特山谷（valle di Monforte）的橙花為其增色不少。

材料

- 高品質全脂牛奶 620 克
- 橙花 50 克
- 蔗糖 127 克
- 天然可可脂 100 克
- 脫脂奶粉 60 克
- 葡萄糖 45 克
- 39 DE 葡萄糖漿 44 克
- 中性穩定劑 4 克
- 柑橘和檸檬皮屑

將橙花浸泡在牛奶中，然後將其放在冰箱浸泡一整夜。若想擁有更濃郁的花香，可以增加橙花的份量。

接下來將除了果皮外的所有材料過濾，並放進鍋裡或美善品食物料理機進行巴氏殺菌加熱至攝氏 85 度，然後將其冷卻並進行乳化攪拌。

最後在義式冰淇淋彩色波紋上，撒上柑橘和檸檬皮屑。

建議搭配食材
它的口味十分細膩，單吃味道就很棒，若再淋上一點巴薩米克醋，味道會更濃郁。

拉齊奧大區

薇羅妮卡・費德勒
Veronica Fedele

薇羅妮卡是一名律師，多年來從事法律相關事業，後來決定將她對冰淇淋的熱愛轉化成職業生涯。她與丈夫阿佛雷多（Alfredo）在拉齊奧大區的海岸佛爾米雅市鎮（Formia）開了一家名為「Gretel Factory」的冰舖。這家店選擇合法透明的供應商作為合作對象，採購短供應鏈的食品。她向來對於和兒童傳達高品質的理念十分在行，經常為孩子舉辦冰淇淋的培訓課程。

波羅伏洛內乳酪佐櫛瓜脆片與普列薄荷義式冰淇淋
Provolone recco con chips di zucchine e mentuccia romana

佛爾米雅市鎮（Formia）的雷科波羅伏洛內乳酪（Provolone recco）被視為「感性」且性格鮮明的半硬質乳酪，經過了 30 個月熟成，適合製作成創意風味的義式冰淇淋。

材料

- 全脂牛奶 568 克
- 鮮奶油（脂肪 35%）50 克
- 蔗糖 40 克
- 海藻糖 80 克
- 葡萄糖 55 克
- 穩定劑（塔拉或關華豆）5 克
- 鹽 2 克
- 雷科波羅伏洛內乳酪 200 克

除了雷科波羅伏洛內乳酪外，將所有食材混合加熱至攝氏 85 度進行巴氏殺菌，待前述混合好的材料冷卻後，再將雷科波羅伏洛內乳酪加入其中，充分混和，並進行乳化攪拌。

最後再以櫛瓜脆片與普列薄荷裝飾。

建議搭配食材
適合以一片烤麵包搭配羅馬城堡（Castelli Romani）法定產區（DOC）的氣泡白酒。

製程補充

櫛瓜脆片與普列薄荷 Chips di zucchine e mentuccia romana

材料

- 2 條長櫛瓜
- 麵粉（撒上使用）
- 特級初榨橄欖油
- 鹽

將櫛瓜切成圓薄片。用紙巾擦乾，以去除多餘的水分，將櫛瓜片撒上麵粉，放在烘焙紙上，淋上橄欖油和鹽。放入烤箱中以攝氏 200 度烘烤 15 分鐘後放涼。

優格蜂蜜榛果脆片義式冰淇淋
Yogurt e miele con croccante di nocciole

一道風味簡單，組合卻十分有趣的義式冰淇淋。

材料

- 鮮奶油（脂肪含量 35%）100 克
- 脫脂奶粉 36 克
- 百花蜜 80 克
- 蔗糖 130 克
- 角豆粉 4 克
- 全脂優格 650 克

在小鍋中，將鮮奶油、粉類材料和百花蜜加熱攪拌至攝氏 85 度後，放入冰箱冷卻，之後加入優格攪拌均勻，放入冰淇淋機中進行乳化攪拌。

上桌時佐以榛果脆片裝飾。

建議搭配食材
可將其與紅色莓果沙拉（macedonia di frutti rossi）搭配。

製程補充

榛果脆片 Croccante alle nocciole
可作為優格義式冰淇淋的裝飾，也適合單獨享用。

材料

- 碎榛果 590 克
- 蔗糖 213 克
- 奶油 131 克
- 全脂牛奶 66 克

將所有食材放入食物攪拌機中混合，之後將混合好的食材均勻地鋪在放有烘焙紙的烤盤上，放入烤箱以攝氏 160 度烘烤 15 分鐘。放涼後，將其打碎成塊狀。如需使冰淇淋的色彩波紋均勻分佈，需將榛果塊加以攪拌混合。

薩丁尼亞島

法布里奇歐・費努
Fabrizio Fenu

法布里奇歐熱愛將家鄉的各種特產變成美味的冰淇淋，他是位勇於探索與嘗試的廚藝家，多次挑戰傳統烹飪藝術的界限。他與專業甜點師妻子毛麗齊亞（Maurizia）共同經營的冰淇淋店「卡亞里費努一世」（I Fenu di Cagliari）販售著各種口味的冰淇淋及糕點。這對夫妻總是充滿活力，在沒有嚐遍他們無數美味的甜點前，是很難離開他們的冰舖的。

蘆筍杏仁柑橘雪酪
Sorbetto asparagi, mandorle e arance

法布里奇歐在薩丁尼亞島上的坎皮達諾（Campidano）田野間，採集了生長於仙人掌旁灌木叢間或尤加利樹林裡的蘆筍。野生的蘆筍不同於人工栽種的蘆筍，呈深綠色且莖細，味道持久濃郁。

材料

- 水煮蘆筍 150 克
- 杏仁醬 100 克
- 水 517 克
- 穩定劑（關華豆或角豆）2 克
- 蔗糖：135 克
- 葡萄糖 70 克
- 38 DE 葡萄糖漿 24 克
- 鹽 2 克
- 糖漬橙皮

將水煮至沸騰後，在鍋中加入鹽和蘆筍煮三分鐘。將蘆筍舀出瀝乾後，放入水和冰塊中。再將蘆筍混合攪拌直至成滑順的蘆筍泥。

在烤箱中以攝氏 200 度烘烤杏仁 10 分鐘，待其冷卻，用石磨或美善品食物料理機將其磨成醬糊狀。

另外將熱水、糖和粉類材料加熱至攝氏 72 度，將其放涼後與杏仁醬和蘆筍泥混合均勻，並放入冰淇淋機中進行乳化攪拌成冰淇淋，最後加入切碎的糖漬橙皮進行彩色波紋裝飾。

建議搭配食材
烏魚子片。

柑橘小茴香雪酪
Sorbetto arancia e finocchietto

法布里奇歐會在他家鄉的馬魯比歐市鎮（Marrubiu）一處名為里歐凡努古（Riu Fanungu）的地區採集茴香，此地名在薩丁尼亞語中代表「茴香之河」。

材料

- 柑橘汁 400 克
- 檸檬汁 50 克
- 茴香萃取物 100 克
- 水 240 克
- 蔗糖 120 克
- 葡萄糖 55 克
- 角豆粉 2 克
- 黑胡椒 1 克
- 兩顆柑橙果皮
- 特級初榨橄欖油 30 克

榨取柑橘和檸檬汁，並用果汁機萃取茴香汁。

將水和粉類材料在攪拌的過程中加熱至攝氏 72 度，然後放入冰箱冷卻數小時。再加入柑橘、檸檬汁、黑胡椒和橙皮屑，並用冰淇淋機加以攪拌乳化。當剩下約五分鐘時，倒入特級初榨橄欖油完成乳化攪拌。

建議搭配食材
烤墨魚。

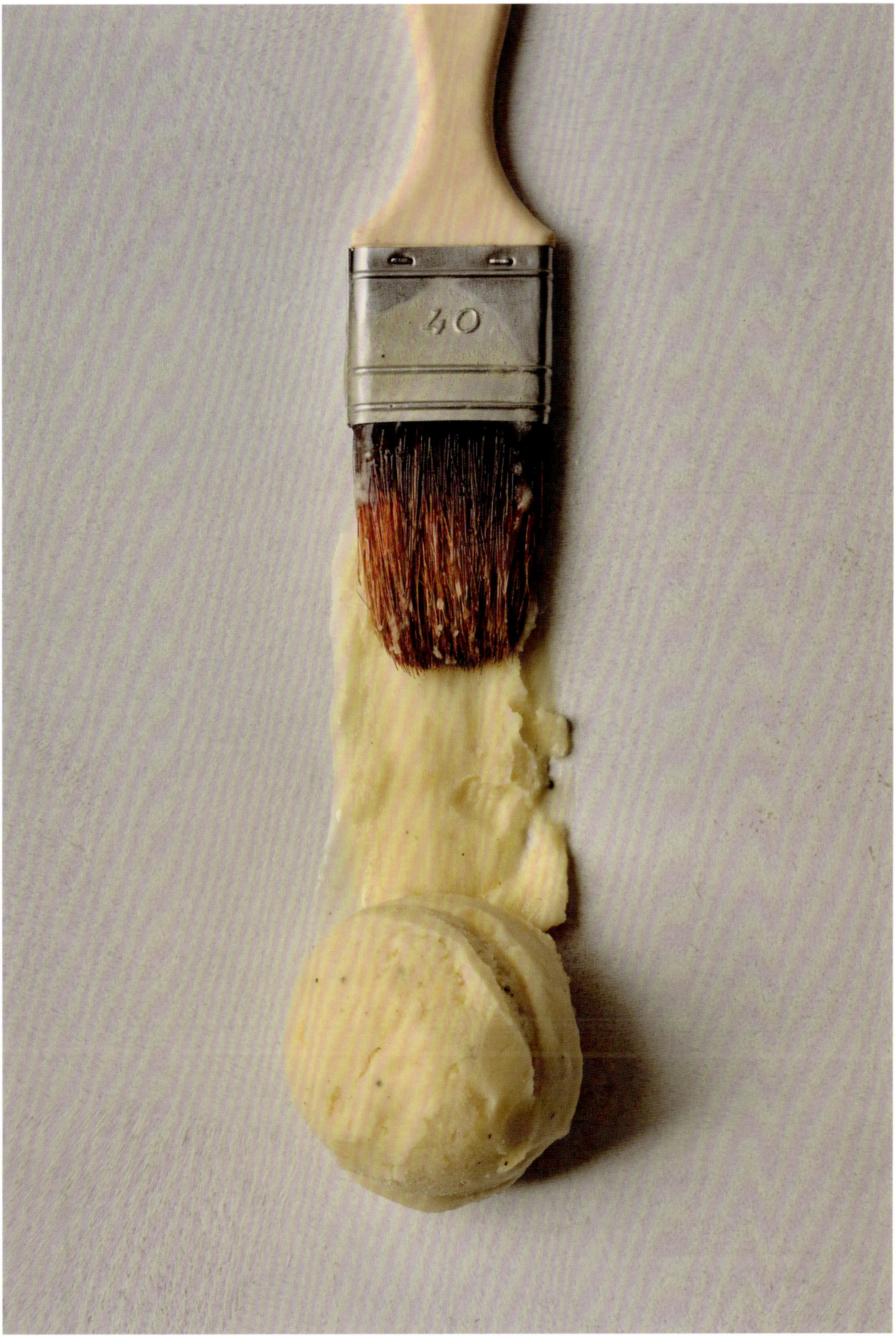
40

拉齊奧大區

史蒂芬諾・費拉拉
Stefano Ferrara

史蒂芬諾有豐富的冷凍技術、創新製程、纖維和代糖的原料學經驗。他投入義式冰淇淋業界已超過二十年，並與醫生和營養師合作，取得重要的里程碑。最近他在羅馬開了一家名為「史蒂芬諾・費拉拉義式冰淇淋實驗室」（Stefano Ferrara Gelato Lab）的冰淇淋店，同時也熱衷於教學。

義式羊奶乳酪蛋白佐泰拉奇娜草莓醬義式冰淇淋
Ricotta di pecora e albumi con salsa di fragole di Terracina

史蒂芬諾喜愛使用來自家鄉高品質的原料，他採用了雙重乳化和兩道烹飪步驟的工藝，這是他經過研究後的成果，旨在使冰淇淋的味道更加濃郁，以取得最佳質地。

材料

- 蛋白 155 克
- 羅馬 DOP 原產地保護認證羊奶乳酪 500 克
- 鮮奶油（脂肪含量 35%）140 克
- 蔗糖 167 克
- 乳清蛋白 15 克
- 脫脂奶粉 20 克
- 角豆粉 2 克
- 鹽 1 克

在美善品食物料理機中，將蛋白、羊奶乳酪和一半的蔗糖以高速烹煮至攝氏 65 度。將鮮奶油和其他的配料放進巴氏殺菌機、煮鍋或美善品食物料理機，將其烹煮至攝氏 80 度，並使用手持攪拌器攪拌成乳化狀。

完成兩次乳化工法後，用打蛋器將所有材料混合，然後進行乳化攪拌成冰淇淋。取出時可加入拉齊奧大區泰拉奇娜市（Terracina）的草莓醬。

建議搭配食材
這道冰淇淋相當適合與炸培根搭配，是另一種早餐的選擇。

製程補充

泰拉奇娜法維塔草莓醬 Salsa di fragola favetta di Terracina

材料

- 泰拉奇娜市的草莓 700 克
- 蔗糖 245 克
- 水 31 克
- 檸檬汁 20 克
- 洋菜 3 克
- 黃原膠 1 克

將所有的材料放進美善品食物料理機烹煮加熱至攝氏 80 度，然後使其快速冷凍，並放入攝氏 4 度的冰箱中保存。

內米草莓雪酪
Sorbetto alla fragola di Nemi

內米（Nemi）是羅馬城堡區（Castelli Romani）的一個小鎮，坐落於與其同名的湖畔旁，以鮮花和香甜可口的草莓聞名。

材料

- 角豆粉 2 克
- 蔗糖 212 克
- 水 66 克
- 檸檬汁 15 克
- 內米（Nemi）草莓 705 克

將角豆粉和部分蔗糖混合，與水加熱至攝氏 80 度。加入其餘配料，混合攪拌後放入冰淇淋機中攪打製成冰淇淋。

建議搭配食材

適宜在羅馬七丘（Romani Colli）享用餐前酒時，配上一塊帕瑪森乾酪。

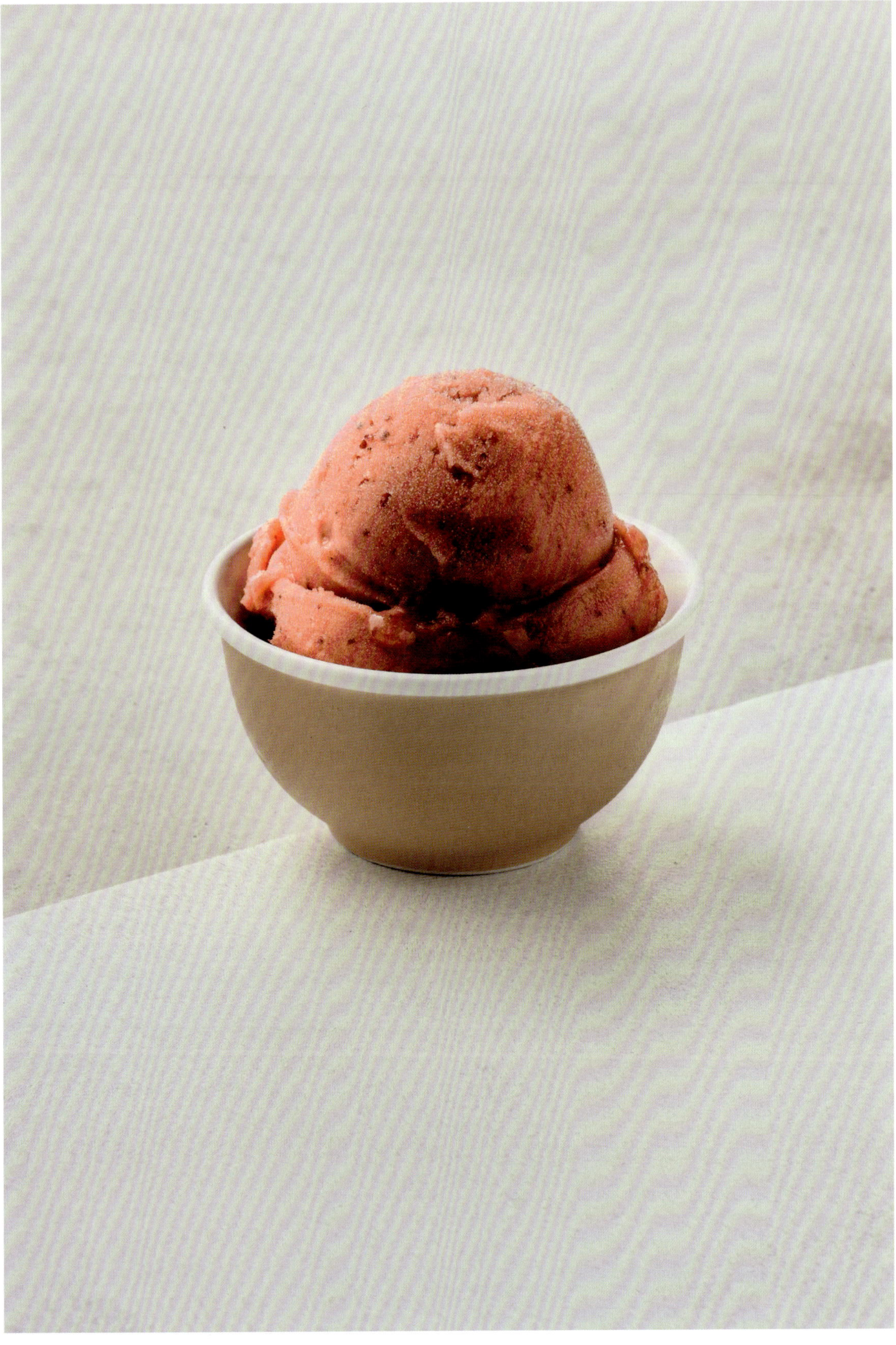

艾米里亞 – 羅馬尼亞大區

史蒂芬諾・圭澤帝
Stefano Guizzetti

在義大利帕爾馬省（Parma），有一位技藝高超且知名的冰淇淋師傅。史蒂芬諾・圭澤帝是「Ciacco Lab」冰淇淋的創始人之一。他非常重視冰淇淋原料的選擇，其理念與他所在的家鄉特產、傳統和文化密不可分。他也是國際頂級冰淇淋學校的教師之一，對於膳食纖維以及美食冰淇淋的領域非常瞭解。

苜蓿草義式冰淇淋
Fieno

四月和五月是採收苜蓿草的時節。若想品嚐獨特原始的風味，可以將苜蓿草加入冰淇淋中調味。

材料

- 新鮮全脂牛奶 570 克
- 鮮奶油（脂肪含量 35%）200 克
- 紫花苜蓿草 50 克
- 蔗糖 130 克
- 脫脂奶粉 40 克
- 角豆粉 2 克
- 紫花苜蓿草蜂蜜 60 克

將牛奶、鮮奶油和苜蓿草放入密封容器中，冷藏浸泡 24 小時。

將蔗糖和脫脂奶粉與角豆粉混合一起。之後將混合好的粉類材料與調味好的牛奶和蜂蜜一起放入鍋中，用中火加熱至約攝氏 85 度，持續攪拌。

當上述材料混合好後，從火上取下，並繼續攪拌然後迅速冷卻。最後倒入冰淇淋機中，冷凍至所需要的質地與濃度。

建議搭配食材

適宜搭配羊奶乳酪、一盤義大利野味（un piatto di selvaggina）或簡單的義式鄉村風乾牛肉（Bresaola）。

蜂蠟義式冰淇淋
Cera d'api

這款高級冰淇淋的配方是一道春季料理，主要透過廚師的烹飪技巧萃取出蜂蠟中的香氣。

材料

- 小農全脂牛奶 500 克
- 鮮奶油（脂肪含量 35%）220 克
- 蜂蠟配方每公斤 60 克
- 蔗糖 110 克
- 葡萄糖 110 克
- 脫脂奶粉 45 克
- 乳清蛋白 10 克
- 中性穩定劑 5 克

將牛奶和鮮奶油與蜂蠟一起放入密封的真空袋中。使用真空低溫烹調器（roner*）以攝氏 65 度的溫度烹飪 12 小時。

當牛奶和鮮奶油都被蜂蠟提味後，將所有配料混合，並透過巴氏殺菌將溫度升至攝氏 85 度，再冷卻並進行乳化攪拌成冰淇淋。

建議搭配食材

這道冰淇淋非常適合搭配清爽的早餐，可以搭配李子蛋糕或作為下午茶與美味的甜麵包一起享用。

* 這是一種透過控制溫度，在真空袋中慢速蒸煮食材的儀器。可保留食物香氣，使料理過後的食物更加自然。

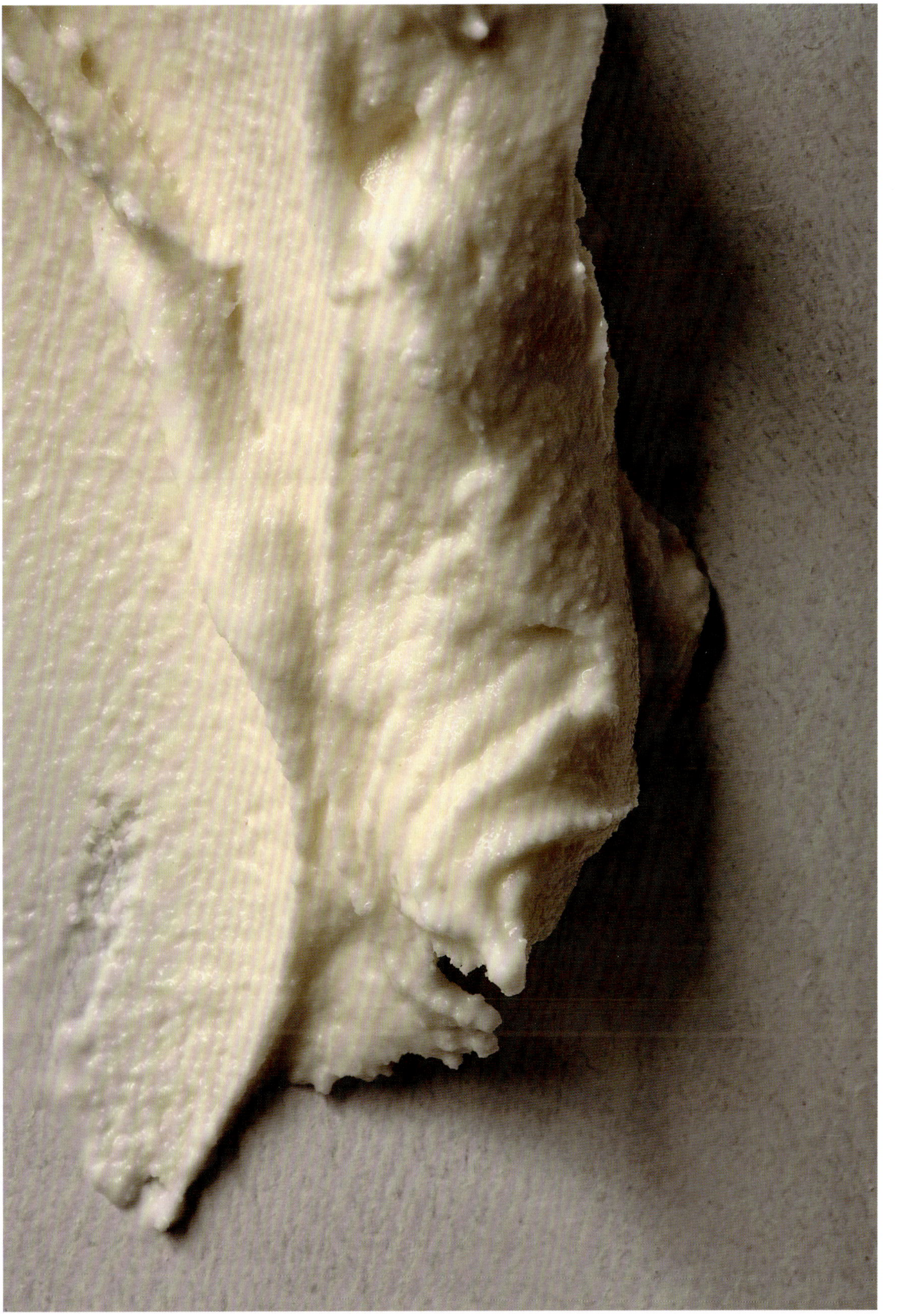

馬爾凱大區

艾莉卡・夸帝利妮
Erika Quattrini

艾莉卡身為冰淇淋師傅的女兒，對這門手藝的喜愛從小耳濡目染。她熱愛優質的食材，並奉行「手作」的理念——「如果可以自己做，為何還要買？」，她的冰淇淋店位於馬爾凱大區的法爾柯納拉馬里蒂瑪市鎮（Falconara Marittima），名為「Il Pinguino」。艾莉卡熱愛嘗試新事物，以深厚的知識和嚴謹的方法實踐：這一點可從她的食譜中看出。

牧羊人綿羊乾酪蜂巢蜜義式冰淇淋
Robiola di pecora e miele in favo

製作這道義式冰淇淋所使用的羊奶乳酪,來自薩索科爾瓦羅(Sassocorvaro)的 Cau & Spada 公司。該公司由兩位薩丁尼亞牧羊人於 1970 年代創立,至今仍以高品質和純手工製作而聞名。

材料

- 優質全脂牛奶 419 克
- 鮮奶油(脂肪含量 35%)50 克
- 蔗糖 140 克
- 葡萄糖 62 克
- 脫脂奶粉 25.5 克
- 角豆粉 3.5 克
- 羅比奧拉羊奶乳酪（Rabiola dipecora）300 克
- 蜂巢蜜

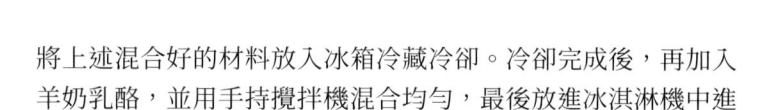

將牛奶、鮮奶油、蔗糖、葡萄糖、脫脂奶粉和角豆粉混合入鍋中或美善品食物料理機,並加熱攪拌至攝氏 85 度。

將上述混合好的材料放入冰箱冷藏冷卻。冷卻完成後,再加入羊奶乳酪,並用手持攪拌機混合均勻,最後放進冰淇淋機中進行乳化攪拌。

於裝盤過程中,放上蜂巢蜜。艾莉卡所使用的蜂巢蜜是來自馬爾凱大區法布里亞諾(Fabriano)地區的一位遊牧養蜂人喬治．波艾塔(Giorgio Poeta)所提供,他經常帶著他的蜜蜂到不同地方尋找特別的花卉。

建議搭配食材
適合搭配來自馬爾凱地區軟嫩或略帶調味的香腸(Salsiccia)。

波爾多諾沃野生扇貝雪酪
Sorbetto di mosciolo selvatico di Portonovo

五月中旬，來到位於馬爾凱大區的法爾柯納拉（Falconara）濱海區附近，此時正是開始捕捉波爾托諾沃（Portonovo）野生扇貝的時節，這種扇貝自2004年起被慢食組織列入美味方舟珍稀食材清單。

波爾托諾沃扇貝是一種野生綠殼菜蛤或稱淡菜（學名：*Mytilus galloprovincialis*，地中海貽貝），即那些能自然繁殖且生活於義大利南部康耐羅（Conero）海底岩石上的貽貝，特別在自馬爾凱大區安科納鎮（Ancona）的皮埃特拉拉克羅切（Pietralacroce）到西羅洛（Sirolo）的黑岩海岸段（Sassi Neri）能發現它們的身影。艾莉卡將它們製成了一種有點極端的雪酪。

材料

- 野生扇貝 108 克
- 煮過扇貝水 253 克
- 水 300 克
- 蔗糖 205.5 克
- 葡萄糖 60 克
- 菊糖 10 克
- 角豆粉 3.5 克
- 特級初榨橄欖油 60 克
- 黑胡椒 5 克

將清洗過的扇貝放入鍋中，加少量的水煮沸。過濾掉部分的煮水後，將剩餘煮過的扇貝水加入其他配料中，僅留扇貝和橄欖油。

準備基底配方時，將液態及粉類材料放入煮鍋中，將溫度升至攝氏85度後，讓其冷卻。最後倒入扇貝、橄欖油和胡椒混合在一起，進行乳化攪拌成冰淇淋。

建議搭配食材
非常適合搭配康耐羅海岸撒上檸檬皮和特級初榨橄欖油的煮鱸魚（當地稱為「varolo」）。

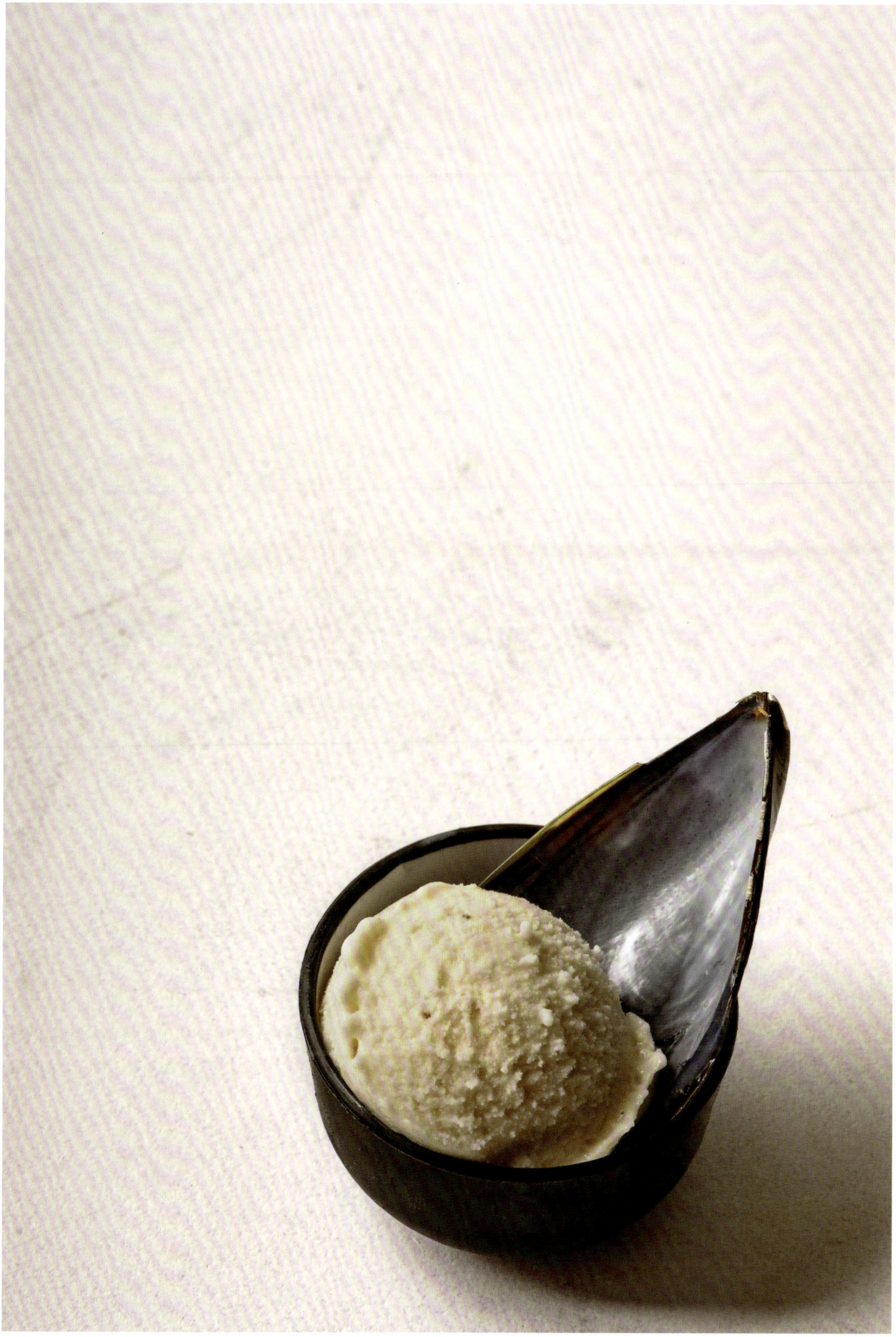

普里亞大區

泰拉‧賽梅拉諾
Taila Semerano

在普里亞大區歐斯圖尼鎮（Ostuni），這家歷史悠久的當地老字號甜點店「Da Ciccio」創立於 1964 年。創辦人的外甥女──泰拉，想繼承家族手工甜點的傳統，並將其轉型成專攻義式冰淇淋。在努力不懈地學習下，她成功實現了這一目標，2014 年於市中心開了一家義式冰淇淋店舖。泰拉是一位追求品質且重視在地優質特產的專家，她時常與同行進行交流，擁有既溫柔又堅定的人格特質，是一位非常特別的義式冰淇淋大師。

櫻桃佐托里多杏仁奶油糖霜雪酪
Sorbetto di ciliegia con streusel di mandorle di Toritto

泰拉選擇了來自普利亞大區的 Ferrovia 櫻桃品種製作這道雪酪（有一說是此種品種的櫻桃過去生長於巴里的聖米開雷城鎮的東南鐵路旁，另一說是該品種的耐久特性，適合長途火車運輸，故以鐵路的義大利語：Ferrovia 命名），並在雪酪中加入了一層以托里多（Toritto）杏仁為基底的色彩波紋，這種杏仁已被慢食協會列進美味方舟珍稀食材清單。

材料

- 水 70 克
- 蔗糖 138 克
- 葡萄糖 40 克
- 角豆粉 2 克
- Ferrovia 櫻桃 750 克
- 托里多杏仁奶油糖霜

將水、糖和角豆粉放入鍋中，煮至攝氏 85 度，並不斷攪拌成糖漿。再放入冰箱冷卻數小時。

將櫻桃去核並小心攪成櫻桃泥。待糖漿冷卻後，將其與櫻桃泥混合，並放入冰淇淋機中進行乳化攪拌。為獲得最佳的狀態，建議使用新鮮採摘的櫻桃！

上桌時，再將托里多杏仁奶油糖霜灑在雪酪上，即可享用。

建議搭配食材
適合搭配以黑巧克力裝飾的法式甜薄餅（Crèpe）。

製程補充

托里多杏仁奶油糖霜 Streusel alla mandorla di Toritto

材料

- 奶油 350 克
- 托里多杏仁粉 350 克
- 糖 300 克
- 鹽

將所有材料揉捏混合，直至成沙狀。將其均勻地分佈在烤盤上，並以攝氏 155 度的對流烤箱烘烤約 20 分鐘。冷卻後撒在義式冰淇淋上，即可享用。

Pashà：羊奶乳酪義式冰淇淋佐蜜煮櫻桃
Pashà: gelato alla ricotta di pecora con ciliegie poché

「這個口味的靈感來自一頓星期三的晚餐，當時我們在普里亞大區的孔維爾薩諾市（Conversano）一家名為『Pashà』的餐廳用餐。」泰拉說道。「對於冰淇淋師而言，休息日就是尋找靈感的日子。我們想要將周圍一切美好的味道和香氣帶到我們的工作室，轉變成可以與顧客分享的義式冰淇淋。」

材料

- 羊奶 470 克
- 蔗糖 105 克
- 葡萄糖 35 克
- 38 DE 葡萄糖漿 35 克
- 鮮奶油（脂肪含量 35%）52 克
- 角豆粉 2 克
- 關華豆粉 1 克
- 阿爾塔穆拉納（altamurana）羊乳酪 300 克
- 蜜煮櫻桃（Ciliegie poché）

在煮鍋或美善品食物料理機將除了羊乳酪外的配料以巴氏殺菌法加熱至攝氏 85 度，待上述混合原料冷卻後再加入羊乳酪，將其進行乳化攪拌均勻，並加入蜜煮櫻桃。

建議搭配食材
適宜搭配一道添上豌豆的羊肉（典型的復活節料理）。

製程補充

蜜煮櫻桃 Ciliegie poché

材料

- 水 270 克
- 糖 390 克
- 櫻桃 340 克

將水和糖煮成糖漿；一旦溫度達到攝氏 60 度時，加入櫻桃並輕輕攪拌，之後放入冰箱靜置冷藏至少 8 小時。

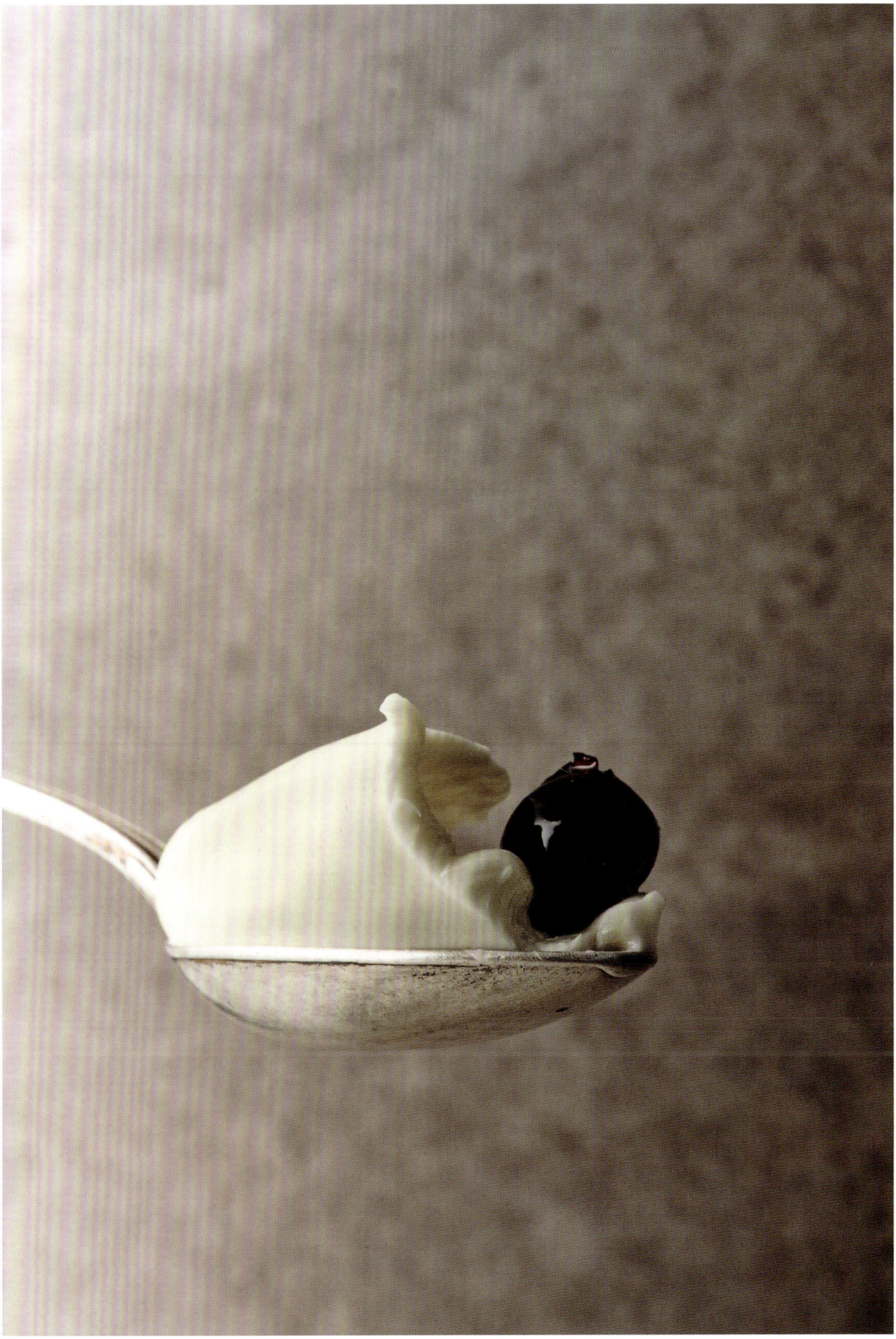

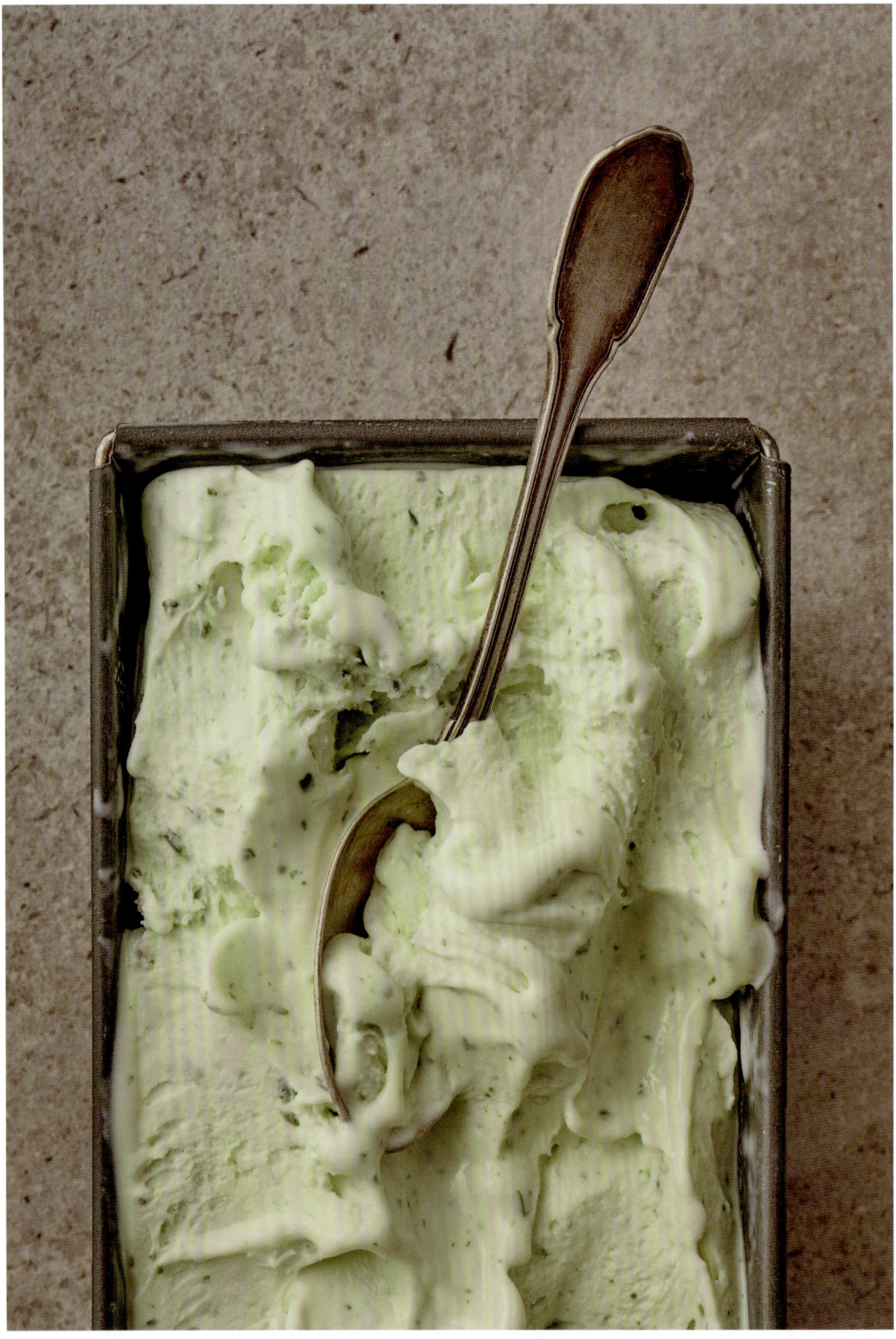

羅伯特・羅柏蘭諾的春季食譜

羅勒花義式冰淇淋
Fior di basilico

現在輪到我為大家提供一道非常簡單且吸引人的食譜。這是我和我父親塞爾吉奧（Sergio）於 1978 年到 2013 年間，在薩沃納省（Savona）切拉利古勒（Celle Ligure）的家族冰淇淋店接受培訓時的成果。如今，我仍在波隆那卡薩萊吉奧（Casalecchio）地區新開的「Cult」冰淇淋店供應此風味，儘管羅勒的味道與當時不盡相同⋯⋯

距離切拉利古勒不到 30 公里的熱那亞普拉（Genova Pra'），以羅勒葉為人所知，但近期我發現在不遠處的瓦爾波切委拉（Valpolcevera）也生產著具相同特色與香氣的羅勒品種。

材料

- 全脂牛奶 580 克
- 鮮奶油（脂肪含量 35%）166 克
- 蔗糖 130 克
- 含糖煉乳 112 克
- 角豆粉 4 克
- 羅勒葉 8 克

將除了羅勒以外的所有材料混合在一個鍋子或美善品食物料理機中，並將其加熱至攝氏 85 度。之後將前述混合好的材料放進冰箱冷藏幾個小時，再用手指捏碎新鮮的羅勒葉，將其浸泡於混合好的原料中，再放回冰箱冷藏 24 小時。最後，將冷藏好的材料先用食物料理機攪拌約 20 秒，再用冰淇淋機進行乳化攪拌。

若手邊沒有熱那亞普拉或瓦爾波切委拉的羅勒葉，也許分量需要再多加幾克的羅勒葉⋯⋯

建議搭配食材
適合作為清爽的點心，可搭配托斯卡納的無鹽麵包或餐前小吃。

Estate 夏季

利古里亞大區

阿帝利奧・亞歷山大
Attilio Alessandro

幾年前亞歷山大在利古里亞的瓦拉薩（Varazza）的「小巷」（budello）開了一家小冰淇淋店時，我就認識他了。最近，他搬到了薩沃納省（Savona），在市政廳中央的西斯托四世廣場（piazza Sisto IV）一個拐角處開了一家名為「inSisto」的義式冰淇淋店。這個名字意指市政廳外的冰淇淋店，是非常巧妙又可愛的文字遊戲。他對於冰淇淋的品質和原料要求，使他贏得了當地居民的喜愛。

羅比奧拉山羊乳酪蛋糕義式冰淇淋
Cheesecake

為了製作此種口味的義式冰淇淋，亞歷山大選擇了由小型製造商，於四月至九月期間生產的當地羅比奧拉山羊乳酪。這種乳酪會散發出一種天然草本的香味，因為夏季期間，山羊有機會放牧於戶外，吸收田野間的新鮮精華。醬汁，則選擇使用薩沃納一家公司提供的覆盆子。最後的奶酥則是以榛果粉、玉米和米製成絕對不含麩質的奶酥碎屑（Crumble）。

材料

- 全脂牛奶 490 克
- 蔗糖 150 克
- 鮮奶油（脂肪含量 35%）110 克
- 葡萄糖 40 克
- 脫脂奶粉 25 克
- 乳清蛋白 10 克
- 葡萄糖纖維素 10 克
- 中性穩定劑 3 克
- 鹽 1 克
- 羅比奧拉山羊乳酪 200 克

將除了新鮮羅比奧拉山羊乳酪以外的所有配料混合，並加熱至攝氏 85 度。

以急凍方式，使前述混合的材料快速冷卻至攝氏 20 度（建議使用急速冷凍機），然後將其取出，並加入羅比奧拉山羊乳酪，再用手持攪拌機仔細攪拌均勻。最後將其倒入冰淇淋機中進行冷凍。取出時，依據喜好口味添加覆盆子果醬和不含麩質的奶酥碎屑。

建議搭配食材
非常適合搭配利古利亞的甜酒，如霞凱特拉甜酒（Sciacchetrà）。

製程補充

覆盆莓果醬 Composta di lamponi

材料

- 覆盆子 518 克
- 蔗糖 352 克
- 玉米澱粉 56 克
- 檸檬汁 24 克
- 果膠 12 克

將所有的材料放進鍋中煮沸至攝氏 105 度約 20 分鐘，將其冷卻後放進冰箱冷藏。

無麩質奶酥碎屑 Crumble senza glutine

材料

- 榛果粉 222 克
- 甜菜糖 222 克
- 奶：222 克
- 大米粉 167 克
- 玉米粉 167 克

將所有材料放入帶有攪拌葉的攪拌機中混合，當麵糰變得均勻時，將其放進容器並置於冰箱冷藏。第二天取出已變硬的麵糰，粗略地鋪在烤盤上將其打碎。以對流烤箱用攝氏 175 度烘烤約 20 分鐘。

檸檬蛋奶霜義式冰淇淋
Crema al limone

這是一道以靜態模式，不使用冰淇淋機製作而成的檸檬蛋奶霜。這使人聯想到奶奶會做的家常檸檬蛋糕，並加了一層瑪哈草莓醬（mara de bois）。瑪哈草莓是由雅克．馬里奧內特（Jacques Marionnet）研發，保有與野生草莓相同的香味。

材料

- 蛋黃 100 克
- 蔗糖 160 克
- 全脂牛奶 475 克
- 一顆無農藥殘留的檸檬皮
- 鮮奶油（脂肪含量 35%）115 克
- 檸檬汁 65 克

取 60 克糖、75 克牛奶、蛋黃和檸檬皮放入容器中。用打蛋器攪拌這些材料，再用雙層蒸鍋（bagnomaria）或微波爐蒸煮加熱至攝氏 65 度進行巴氏殺菌。一旦溫度達到後，用保鮮膜覆蓋住，放入冰箱冷藏。

接著取一小鍋子，加入鮮奶油、剩餘的 400 克牛奶和 100 克的糖，並將其加熱至攝氏 60 度，使糖完全溶解。

將加熱完成的混合液態原料倒入模具中，放進冷凍庫冷凍，同時也將檸檬汁冷凍起來。

等到冰塊和冷凍的奶油準備好後，放入美善品食物料理機中，再加入冷凍好的檸檬汁。接著將其攪拌至變得均勻且綿滑，上桌時可搭配瑪哈草莓醬一起享用。

建議搭配食材
檸檬清香和解油膩的特性，相當適合與薩沃納（Savona）傳統以玉米粉炸成的點心油條帕尼薩（panissa）搭配享用。

製程補充

瑪哈草莓醬 Salsa di fragole mara de bois

材料

- 瑪哈草莓 500 克
- 有機蘋果 50 克
- 糖 50 克
- 半顆檸檬皮屑

將草莓、切塊的蘋果、糖和檸檬皮屑放入容器中，攪拌均勻，靜置 10 至 12 小時。接著將其倒入鍋中，以小火煮 30 分鐘，再倒入消毒過的罐子裡。

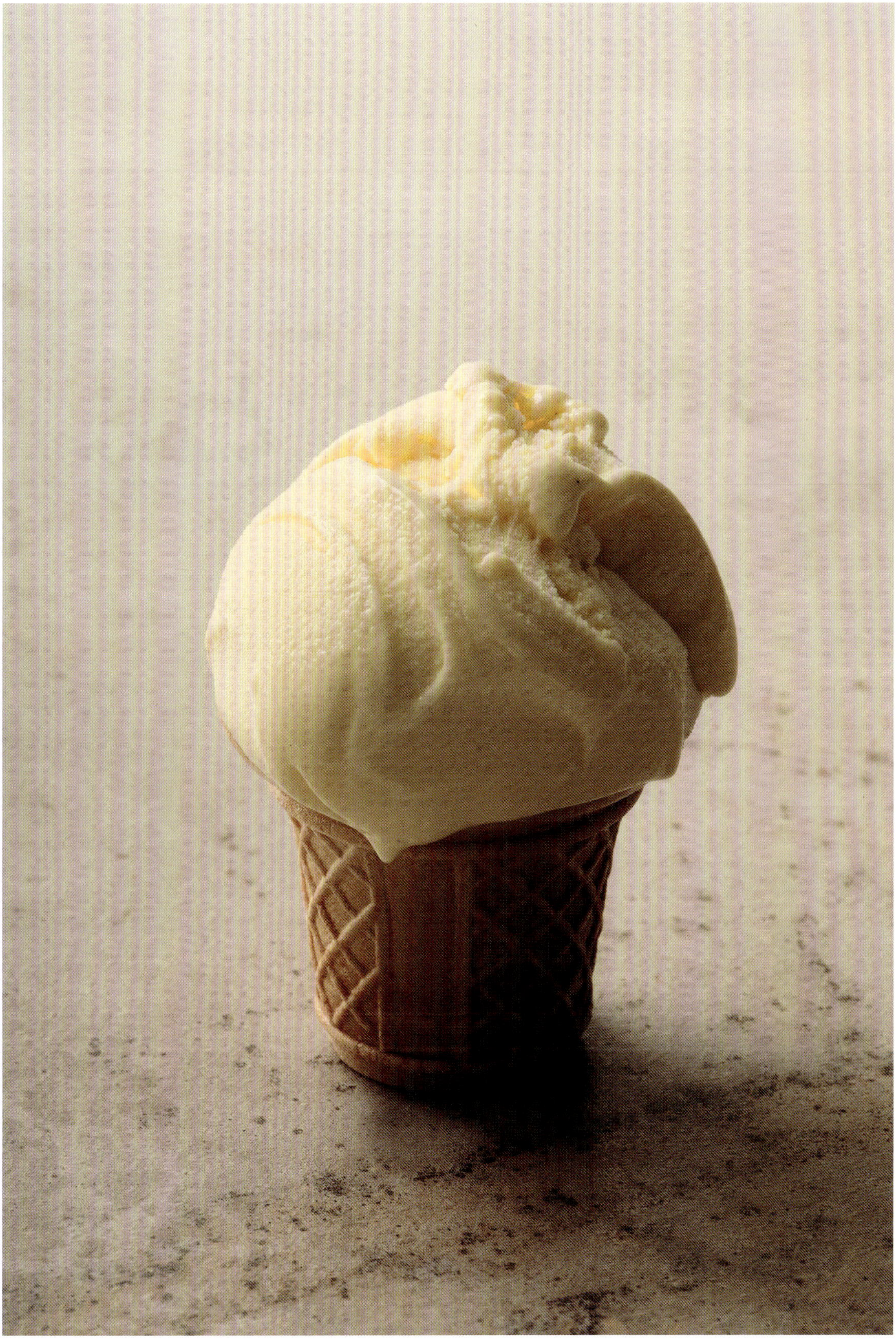

艾米里亞 – 羅馬尼亞大區

雅各柏・巴樂那
Iacopo Balerna

雅各柏是一家位於波隆那名為「Galliera 49」冰淇淋店的四位合夥人之一，這家店以提供高品質冰淇淋所著稱，是當地具代表性的冰淇淋店之一。而其他三位同為這趟冒險旅程的合夥人有毛利茲奧・貝爾納迪尼（Maurizio Bernardini，他近期在艾米里亞羅馬尼亞大區的里喬內市開了一家名為『Ciò Gelato』的義式冰淇淋店），還有瓦勒里奧・阿發尼（Valerio Alfani）和法比歐・那內提（Fabio Nanetti）。他們對於完美風味與天然珍貴的食材有著熱烈的渴求。

維尼奧拉黑莓櫻桃雪酪
Sorbetto di ciliegie moretta di Vignola

這是一道簡單卻能展現當地時令食材且精緻的特產雪酪。

材料

- 去核黑莓櫻桃 700 克
- 角豆粉 4 克
- 有機黑糖 140 克
- 水 156 克

櫻桃洗淨去核後,將粉末類材料、角豆粉、糖融合在一起。

再將水煮沸,並倒入前述混合好的粉末配料中,以徹底溶解成糖漿。當糖漿成形後,加入櫻桃攪拌均勻。

最後將所有混合好的材料,放入冰淇淋機中進行乳化攪拌。

建議搭配食材
這道雪酪出乎意料的適合搭配醃鰻魚。

拉維喬洛軟乳酪與焦糖無花果佐薩巴葡萄醬義式冰淇淋
Raviggiolo con fichi caramellati e saba

選擇使用拉維喬洛軟乳酪，除了因此種乳酪是慢食協會美味方舟清單中的珍稀食材外，也因它與「Galleria 49」的其中一位合夥人的童年回憶有關。夏季時他會在亞平寧山上（Appennino）享用這種乳酪，並搭配當季的水果作為下午茶。

該乳酪的製作方式相當快速簡單，類似於以蘆葦木模製成的吉恩卡塔（Giuncata）軟乳酪的工法，非常適合將其用於新鮮甜點的製作或與傳統甜點搭配。拉維喬洛軟乳酪、焦糖無花果和薩巴濃縮葡萄果漿（Saba）在本食譜中成為經典的組合，而來自位於拉維納市（Ravenna）的切拉威爾鹽之花（Salfiore di Ceravia）海鹽，其鹹味賦予了這份配方畫龍點睛的效果。

薩巴濃縮葡萄果漿與莫德納市鎮（Modena）的葡萄果漿製法及製醋傳統，有著深厚的關係。經由萃取煮過的葡萄果漿取得薩巴濃縮葡萄果漿，以獲得帶有甜味和微酸餘韻的滋味，非常適合用來提味。

材料

- 有機黑糖 37 克
- 乳清蛋白 16 克
- 有機葛根粉 5 克
- 切拉威爾鹽之花海鹽 3 克
- 鮮奶油（脂肪含量 35%）120 克
- DE 值 97 有機玉米葡萄糖漿 60 克
- DE 值 29 有機玉米葡萄糖漿 14 克
- 全脂牛奶 480 克
- 托斯卡納 – 羅馬尼亞亞平寧山區（Appenino tosco-romagnolo）的拉維喬洛軟乳酪 165 克
- 焦糖無花果
- 薩巴濃縮葡萄果漿

將所有固體材料（除無花果外）秤重並乾混在一起，之後將液態的配料（除薩巴濃縮葡萄果漿）倒入，仔細地混合再進行巴氏殺菌處理，一旦溫度達到攝氏 83 度，便可將其冷卻至攝氏 50 度。

此時再將拉維喬洛軟乳酪加入前述仍然溫熱的混合材料中，再次攪拌均勻。最後便可進入到乳化攪拌成冰淇淋的階段。冰淇淋上桌時，可用焦糖無花果裝飾並淋上適量的薩巴濃縮葡萄果漿。

建議搭配食材

Pidaza 薄餅（由義大利軟烤餅加上披薩的餡料製成）加上芝麻葉。

製程補充

焦糖無花果 Fichi caramellati

材料

- 整顆無花果 750 克
- 紅酒 200 克
- 蔗糖 120 克

選擇最為完整的無花果，仔細清洗後帶皮放入鍋中。加入紅酒和糖，以極小的火力煮兩個小時，期間不需攪拌，也不需蓋上鍋蓋。

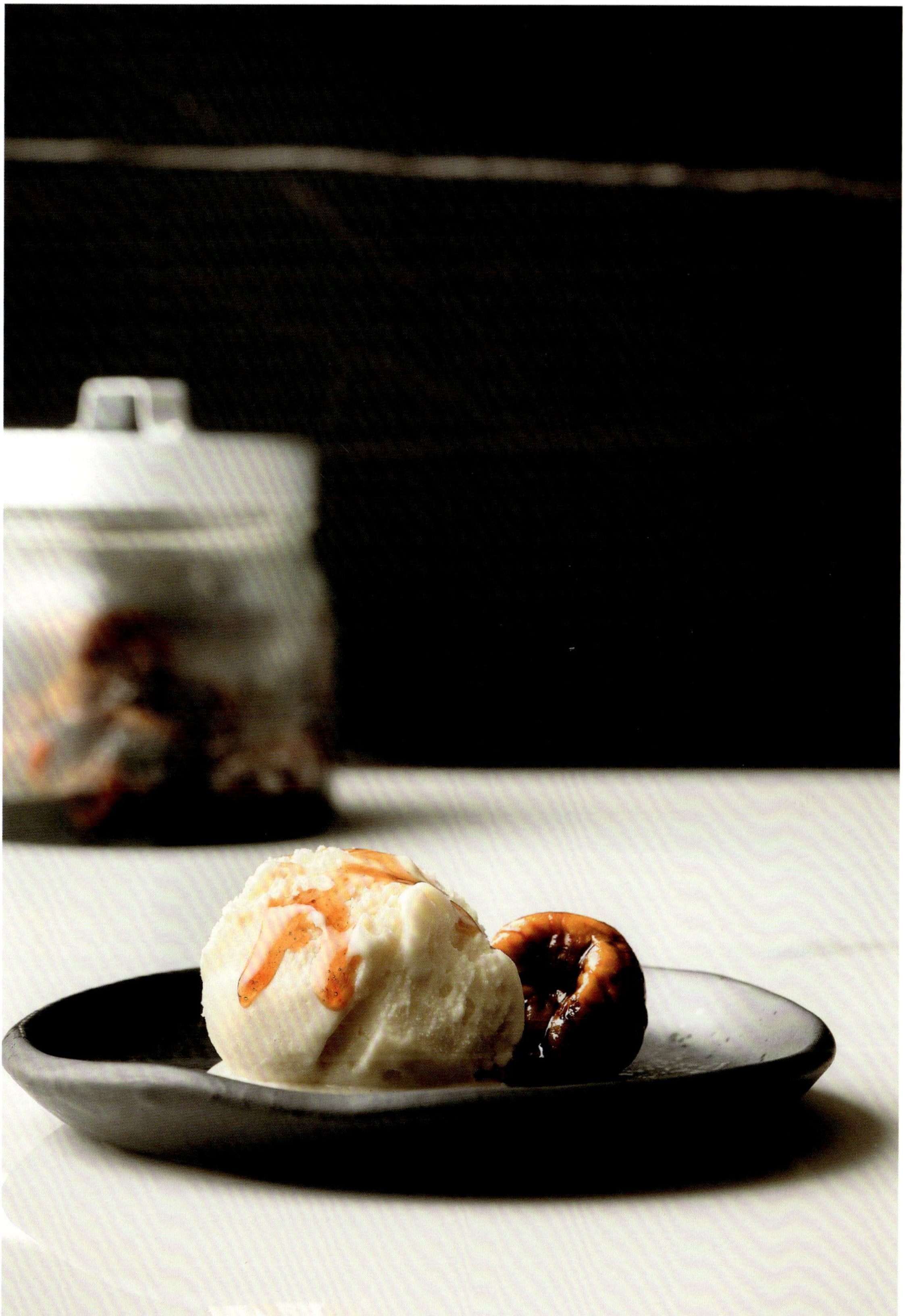

拉齊奧大區

蘿倫薩・貝妮妮
Lorenza Bernini

蘿倫薩・貝妮妮，又名「蘿拉」（Lolla）。在製作冰淇淋時，她只使用她真正喜歡的食材，即真正上好的原料，很可能大部分都是來自她的家鄉——義大利中部圖西亞（Tuscia）。我和她是在冰淇淋文化協會（Associazione culturale Gelatieri per il gelato）認識，她也同樣贊同協會的道德標準與合作精神，支持將在地農產品製成冰淇淋，促進在地農產發展。

阿列帝科風乾甜葡萄酒醬與小茴香義式冰淇淋
Aleatico e finocchietto

這款冰淇淋結合了兩個非常有趣的元素。乾燥的野生茴香花，通常被稱為「小茴香」（finocchietto），是圖西亞地區許多經典肉類甚至栗子等菜餚的基本調料，也經常在已故圖西亞傳統美食研究家──伊塔羅·阿爾列提（Italo Arieti）的食譜《餐桌上的圖西亞》（Tuscia a tavola）中提及。它是一種相當粗糙的黃色粉末，帶有清新的芳香和淡淡的八角味。

另一方面，圖西亞地區的阿列帝科葡萄酒（Aleatico），是用位於維泰博市（Viterbo）波爾塞納湖（Bolsena）地區當地的葡萄品種釀製而成。這種葡萄酒有不同的釀造方式，其中最特別的便是風乾甜葡萄酒（Passito），也就是以風乾葡萄進行釀造，它帶有櫻桃和歐洲酸櫻桃（Amarena）的香氣，通常多與維泰博特有的餅乾相搭。

按蘿拉的話來說：「這些風味的組合，都源自於奶奶廚房裡經典的美味，這總是讓我想起歡聚的時刻，以及一直以來我非常喜愛的，珍貴且不疾不徐的用餐時光。」

材料

- 高品質全脂牛奶 568 克
- 乾燥茴香花 1 克
- 鮮奶油（脂肪含量 35%）210 克
- 蔗糖 100 克
- 葡萄糖 75 克
- 脫脂奶粉 30 克
- 乳清蛋白 10 克
- 菊糖 5 克
- 角豆粉 1 克
- 關華豆粉 1 克

將牛奶與乾燥茴香花一同加熱至攝氏 80 度，持續十分鐘。讓其冷卻後，將牛奶過濾，去除較粗的茴香花顆粒。

接下來加入鮮奶油，將其加熱，當溫度超過攝氏 40 度時，小心地加入預先混合好的固體配料，再將溫度升至攝氏 85 度進行巴氏殺菌，再乳化攪拌成冰淇淋。

取出冰淇淋時，淋上阿列帝科葡萄酒醬作冰淇淋的色彩波紋裝飾。

建議搭配食材
適合與佐以油漬風乾橄欖、特級初榨橄欖油、黑胡椒和粗鹽的橘子沙拉一起享用。

製程補充

阿列帝科風乾甜葡萄酒醬 Salsa di vino Aleatico

材料

- 阿列帝科風乾甜葡萄酒 500 克
- 菊糖 40 克
- 黃原膠 2.5 克

將所有材料加熱至沸騰後，讓其熬煮幾分鐘。待冷卻後即可作冰淇淋的色彩波紋裝飾。

布魯斯柯利諾烤南瓜子義式冰淇淋
Bruscolino

若在拉齊奧有人提到烤南瓜子「Semi di zucca tostati」，那他肯定不是當地人，因為在義大利中部大部分的地區，這種街頭小吃被稱為布魯斯柯利諾「bruscolino」。它是一種能激勵人心的滋味，是夏日夜晚與朋友間小聚以及周日球場上忠實的伙伴，更是鎮上節日時的獎勵。

布魯斯柯利諾一般多以小紙盒或小袋裝的形式出售，它是大快朵頤的代名詞，而其獨特略鹹的風味，讓人忍不住想喝上一杯，長久以來作為歡聚的傳統象徵，至少可追溯到上個世紀。

材料

- 有機烤南瓜籽 100 克
- 高品質全脂牛奶 690 克
- 蛋黃 12 克
- 蔗糖 120 克
- 葡萄糖 70 克
- 角豆粉 4 克
- 鹽 4 克

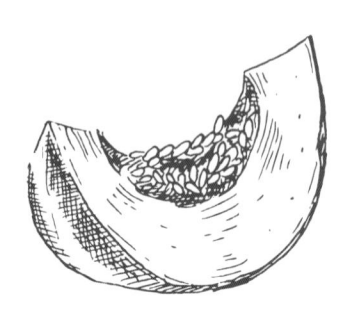

將烤南瓜籽用美善品食物料理機打成糊狀。為保持最佳口感，建議在打成糊狀前，將南瓜籽放入冷凍庫冷凍兩到三分鐘。

將牛奶、蛋黃、糖、角豆粉和鹽混在一起，然後加熱至攝氏 85 度。

離火後，讓其稍微冷卻，再加入南瓜籽醬，與其他材料混合均勻。完全冷卻後，便可倒入冰淇淋機中進行乳化攪拌。

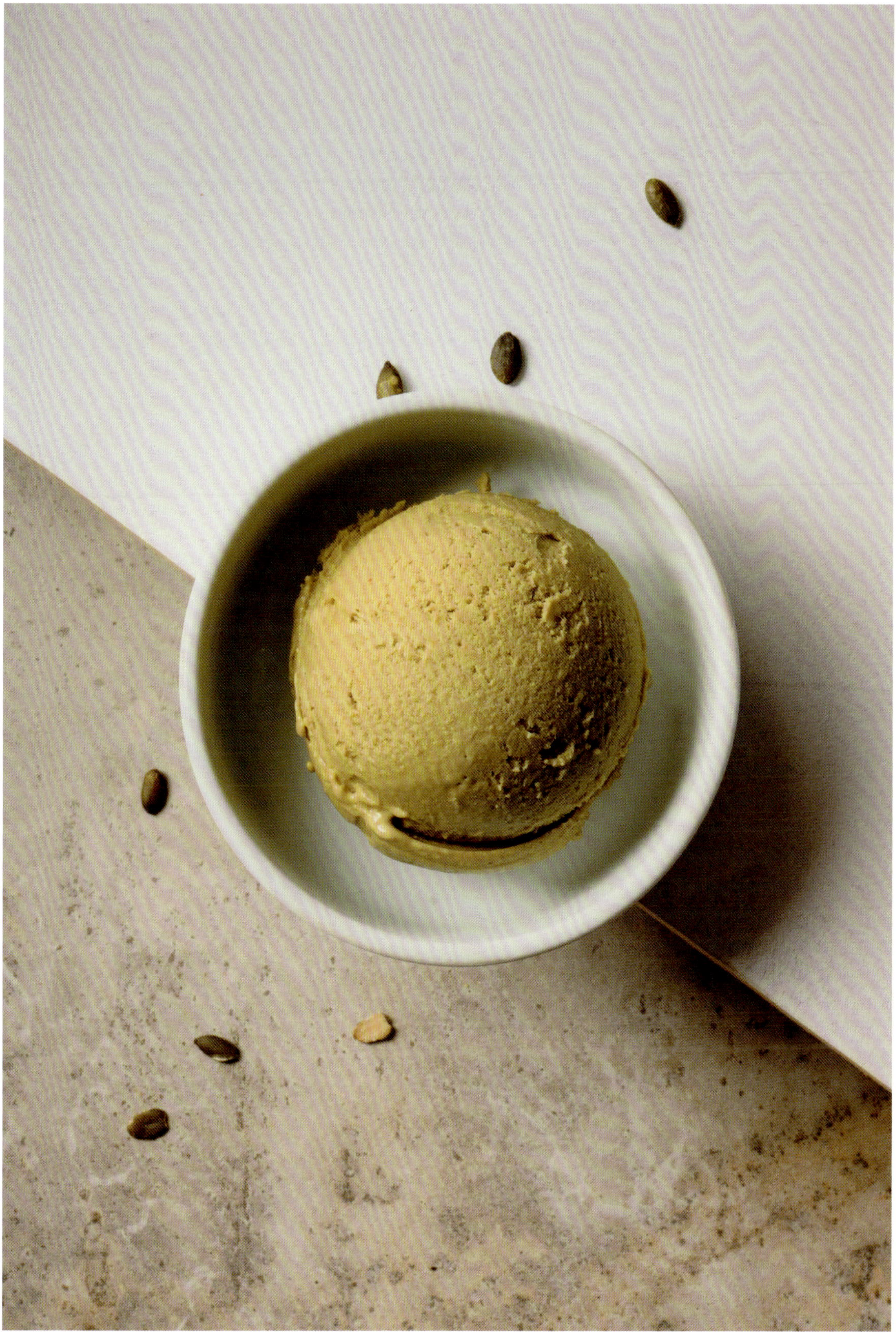

巴西里卡塔大區

路易吉・布南塞納
Luigi Buonansegna

2021年，路易吉獲得義大利知名美食《紅蝦指南》（Gambero Rosso）最佳巧克力風味獎的榮譽，但他創作的冰淇淋口味不僅限於巧克力，更以發揚其當地特產為特色。他喜愛與生產商直接交流、建立關係，並發掘每種食材背後的人文故事。他的義式冰淇淋店位於波坦察省（Potenza）的皮尼奧拉（Pignola），名為「風味工坊」（Officine del Gusto）。

斯蒂亞諾開心果雪酪
Sorbetto di pistacchio di Stigliano

或許是出於偶然、運氣或是直覺，上世紀 90 年代，諾琴佐・柯蘭吉羅（Innocenzo Colangelo）在他位於馬泰拉省（Matera）的斯蒂亞諾（Stigliano）莊園裡移植了一些來自希臘的開心果樹。如今，歸功於生產者的用心及這片土地得天獨厚的土壤和氣候條件，斯蒂亞諾開心果成為品質最好的開心果之一，有著極佳的風味口感。

材料

- 水 640 克
- 蔗糖 194 克
- 葡萄糖 54 克
- 玉米澱粉 20 克
- 粗鹽 4 克
- 角豆粉 4 克
- 斯蒂亞諾開心果 90 克

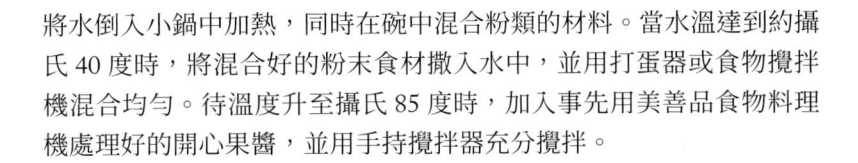

將水倒入小鍋中加熱，同時在碗中混合粉類的材料。當水溫達到約攝氏 40 度時，將混合好的粉末食材撒入水中，並用打蛋器或食物攪拌機混合均勻。待溫度升至攝氏 85 度時，加入事先用美善品食物料理機處理好的開心果醬，並用手持攪拌器充分攪拌。

最後將它放進冰箱冷卻，再進行乳化攪拌。

建議搭配食材
可將上述的冰淇淋做成鵝軟石狀，並放於番紅花燉飯上佐以減糖的艾格尼科（Aglianico）紅酒和斯特拉基諾乳酪（Stracchino）。

卡多尼亞草莓紅椒雪酪
Sorbetto di fragole candonga e peperoni rossi

這道義式冰淇淋是空前的組合，由產自巴西利卡塔大區的草莓品種和當地的紅椒所製成。

材料

- 烤紅椒 66 克
- 卡多尼亞草莓果肉 340 克
- 水 304 克
- 蔗糖 174 克
- 38 DE 葡萄糖漿 50 克
- 葡萄糖 42 克
- 菊糖 20 克
- 關華豆粉 2 克
- 黃原膠 2 克

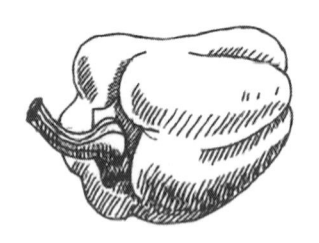

將紅椒放在烤盤，並放進烤箱中以攝氏 200 度烤約 30 分鐘，再把紅椒去皮。

接下來將水、糖和穩定劑放入小鍋中加熱以製作糖漿，然後加入草莓、烤好的紅椒，並用手持攪拌機進行充分的攪拌，讓其靜置片刻後再進行乳化攪拌成冰淇淋。

建議搭配食材
適宜搭配法老小麥（Farro）鮮蝦蔬菜沙拉，或是佐以艾格尼科紅酒醬的烤乳豬。

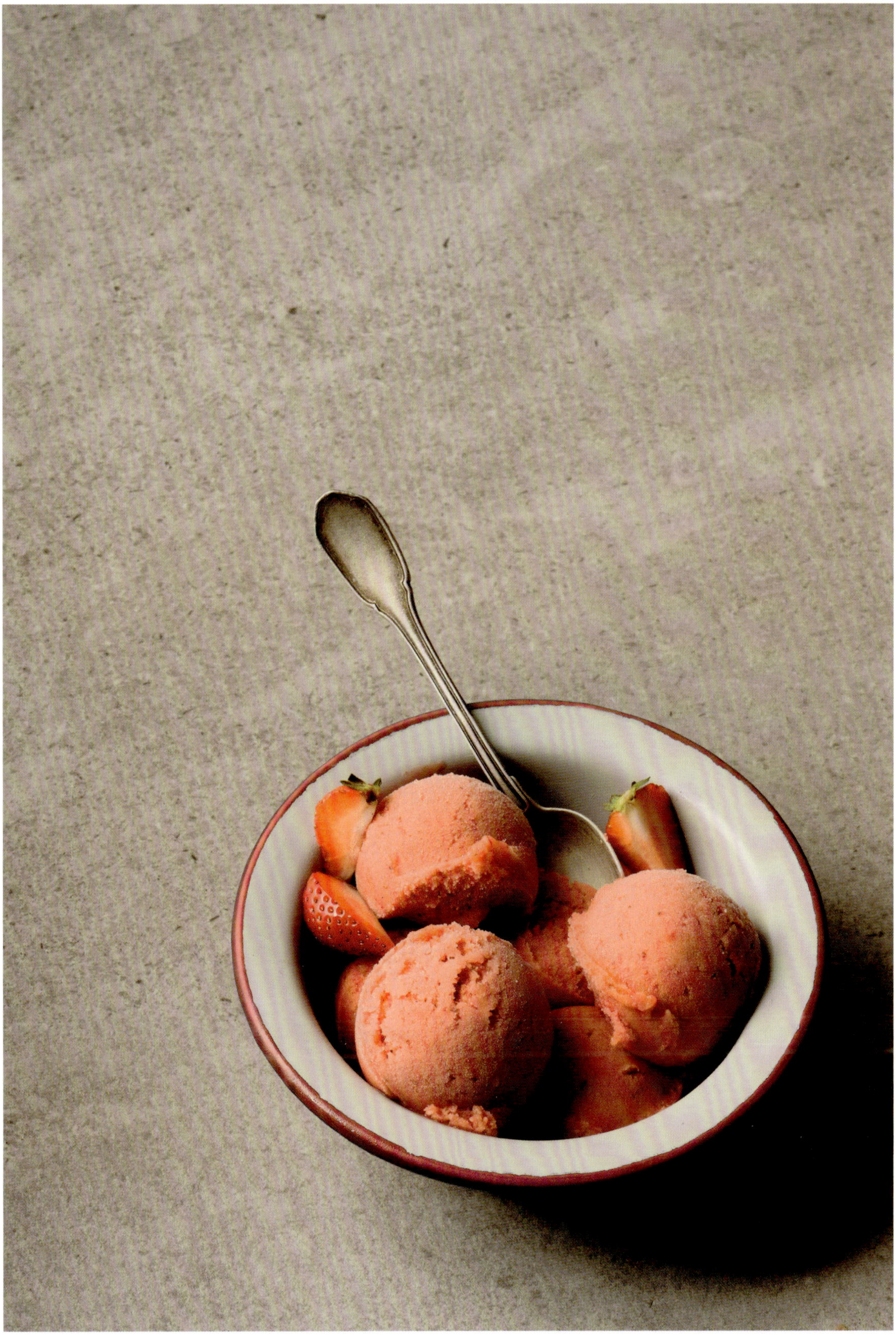

艾米里亞 – 羅馬尼亞大區

西莫・德・費歐
Simone De Feo

西莫他除了是義大利最有經驗的冰淇淋師傅之一外，還擁有幾個特別的頭銜：音樂家、啤酒專家，也是一位麵包大師。他的義式手工水果聖誕麵包（Panettone）是有史以來最好的聖誕麵包之一，唯有親自品嚐過才能理解他高超的技藝，這不僅與他的冰淇淋大廚工作毫不衝突，西莫十分熱衷於這樣的身份。他也喜愛嘗試新事物、挑戰業界規則，將他的冰淇淋層次推往其他人認為不可能達到的境界。即便是最簡單的食譜，比如接下來介紹的雪酪及冰淇淋，也有與眾不同的地方，令人印象深刻。

酸櫻桃香草鹽味雪酪

Sorbetto di amarene, vaniglia e sale

酸櫻桃以其酸味聞名，由於不再像過去那樣受歡迎，現在種植酸櫻桃的人，會將果實留在樹上。市面上常見的加工酸櫻桃，其風味與天然野生的酸櫻桃完全不同，後者經常被遺棄在路邊。

材料

- 蔗糖 210 克
- 角豆粉 2 克
- 水 184 克
- 鹽 2 克
- 香草豆莢 1 顆
- 野生酸櫻桃 600 克

將糖和角豆粉倒入小鍋中，用熱水將其溶解，並加入一顆縱向切開的香草豆莢，讓它浸泡至少 15 分鐘。

過濾後，加入已洗淨和去核的酸櫻桃，並加入鹽，用手持攪拌器充分攪拌。最後，使用冰淇淋機進行乳化攪拌。

建議搭配食材
適合搭配義大利阿斯蒂省（Asti）羅卡韋拉諾市（Roccaverano）的羅比奧拉生乳軟乳酪。

莫雷塔黑莓櫻桃迷迭香義式冰淇淋
La moretta e rosmarino

這個食譜中再次用到了莫德納市（Modena）和雷焦艾米利亞地區（Reggio Emilia）的特色水果——莫雷塔黑莓櫻桃。這種品種的櫻桃具有不凡的風味，但正被更多產、植株更矮且結果更快的杜隆櫻桃（duroni）品種逐漸取代。

西莫的食譜非常新穎，因為他還添加了焦化奶油和迷迭香。

材料

- 新鮮迷迭香葉 1 克
- 水 279 克
- 蔗糖 110 克
- 脫脂奶粉 75 克
- 葡萄糖 30 克
- 中性穩定劑 5 克
- 焦化奶油 100 克
- 維尼奧拉的莫雷塔黑莓櫻桃 400 克

將迷迭香葉放入沸水中浸泡約 15 分鐘，將其過濾後加入粉類原料和奶油，並將前述混合好的材料加熱至攝氏 85 度。待其冷卻後，再加入已洗淨去核的櫻桃，進行乳化攪拌成冰淇淋狀。

建議搭配食材
一塊烤大片的烤魚柳。

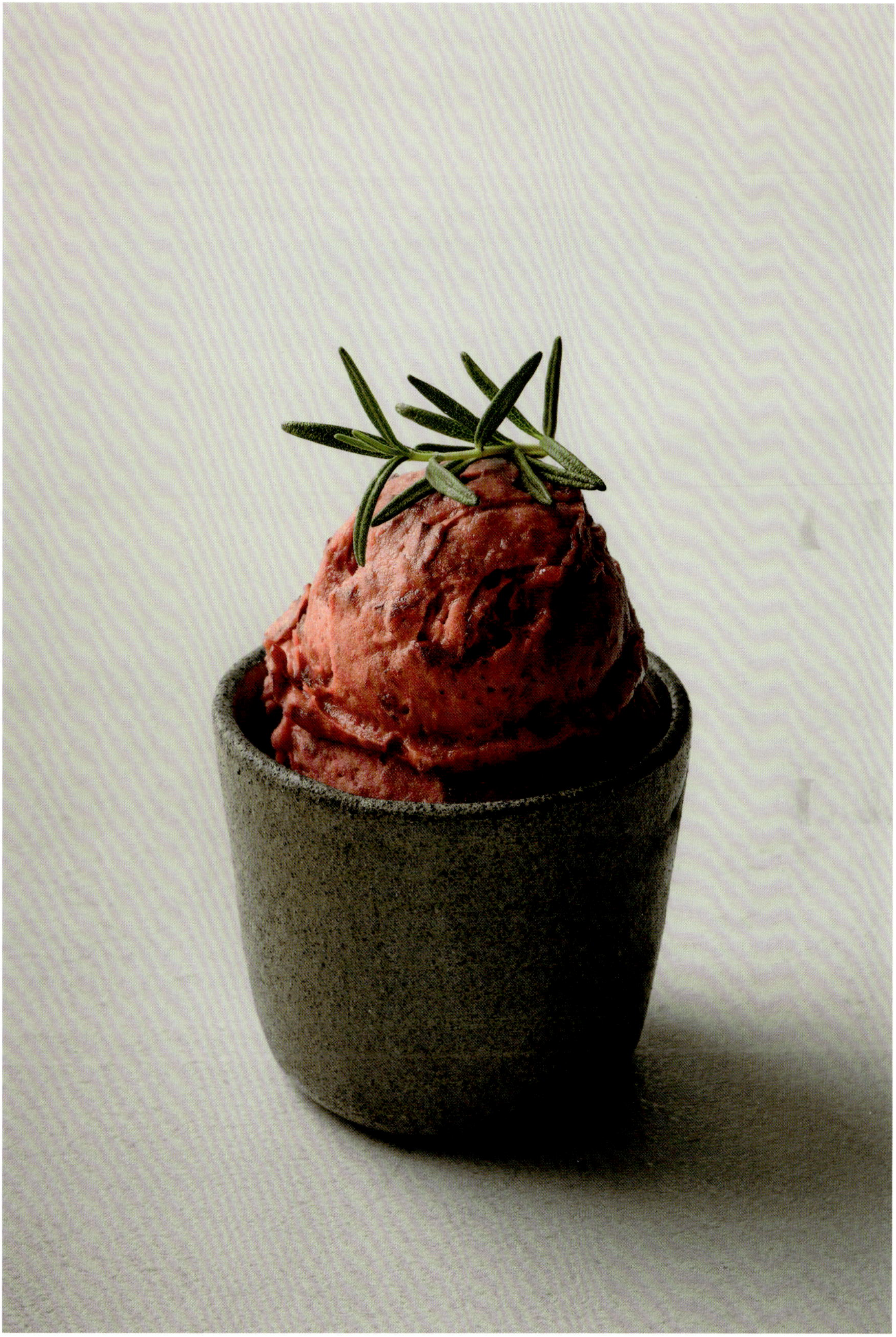

特倫蒂諾 – 上阿帝傑大區

克利斯丁・拉茲克勞恩
Christian Latschrauner

2013 年，我透過朋友洛里斯・莫林・普拉德爾（Loris Molin Pradel）在位於特雷維索省（Treviso）的福利納鎮（Follina），一處美麗的農莊認識克利斯汀。他總是滿面笑容，操著一口可愛的德國口音，但骨子裡卻是十足的義大利人。他位於玻爾扎諾省（Bolzano）聖馬爾蒂諾帕西里亞（San Martino in Passiria）的義式冰淇淋店「Dorfcafé Eisdiele Kofler」專門生產充滿創意巧思的冰淇淋。

接骨木杏桃雪酪
Hollerille

這道雪酪的名稱是取自兩個德文單字：接骨木（Holunder）和杏桃（Marille）的前後縮寫，因此這份食譜被取名為接骨木杏桃雪酪。儘管接骨木在上阿帝傑大區的谷地開花時節是五月和六月初，但仍可將其視為夏天的風味。

我們可從接骨木花提取糖漿，並將其保存至七月底八月間，此時是特倫蒂諾－上阿帝傑大區內四大山之一的瓦爾維諾斯塔谷地（Val venosta）的杏桃成熟時節。

材料

- 杏桃 295 克
- 水 375 克
- 檸檬汁 5 克
- 蔗糖 130 克
- 葡萄糖 20 克
- 29 DE 葡萄糖糖漿 20 克
- 菊糖 15 克
- 中性穩定劑 2 克
- 接骨木花糖漿 135 克

將杏桃仔細清洗並去核後，與水和檸檬汁混合，再倒入事先混合好的所有原料，以免結塊，最後加入接骨木糖漿，進行乳化攪拌。

建議搭配食材
一杯來自上阿帝傑大區南蒂羅爾法定產區（DOC）的 Goldmuskateller 葡萄品種莫斯卡托（Moscato）白酒。

製程補充

接骨木糖漿 Sciroppo di sambuco

材料

- 接骨木花 10 株
- 水 500 克
- 無農藥殘留的檸檬 2 顆
- 糖 500 克

將接骨木花浸泡在水中並加入切片檸檬。用一塊布蓋上，放在室溫與陰暗處靜置兩到三天，偶爾用木勺攪拌一下。浸泡完成後，擠壓檸檬並加以過濾，以便將過濾好的液體加糖煮沸。讓其沸騰五分鐘後立即倒進瓶中。

優格蘋果迷迭香義式冰淇淋
Yomero

儘管蘋果的採收時節主要在夏季末，這仍是一道經典的夏季風味。料理這道食譜時，克里斯汀偏好使用不同品種的蘋果，以平衡冰淇淋的甜度、香味和酸度，有富士蘋果（以利用其香氣）、青蘋果（使用其酸度與清新感）和華盛頓蘋果。而上阿帝傑產區的優格，能使冰淇淋的風味更加濃郁，迷迭香則增添一抹地中海風情。

材料

- 蘋果汁 377 克
- 氣泡礦泉水 136 克
- 蔗糖 194 克
- 百花蜜或金合歡蜂蜜 21 克
- 角豆粉 2 克
- 上阿帝傑產區全脂優格 267 克
- 迷迭香 2 克

將前述提及的三種蘋果秤重，用果汁機榨取蘋果汁後，立即將蘋果汁倒入氣泡礦水中以免氧化及變黑。

之後將優格、迷迭香和所有事先混合好的固態原料倒入混合，以避免結塊，並將其放進家用冰淇淋機進行乳化攪拌。

上桌時，可用事先以食物乾燥機，或在家用烤箱中以敞開的烤箱門低溫烘烤過的蘋果片來裝飾冰淇淋。

建議搭配食材
蘋果酒。

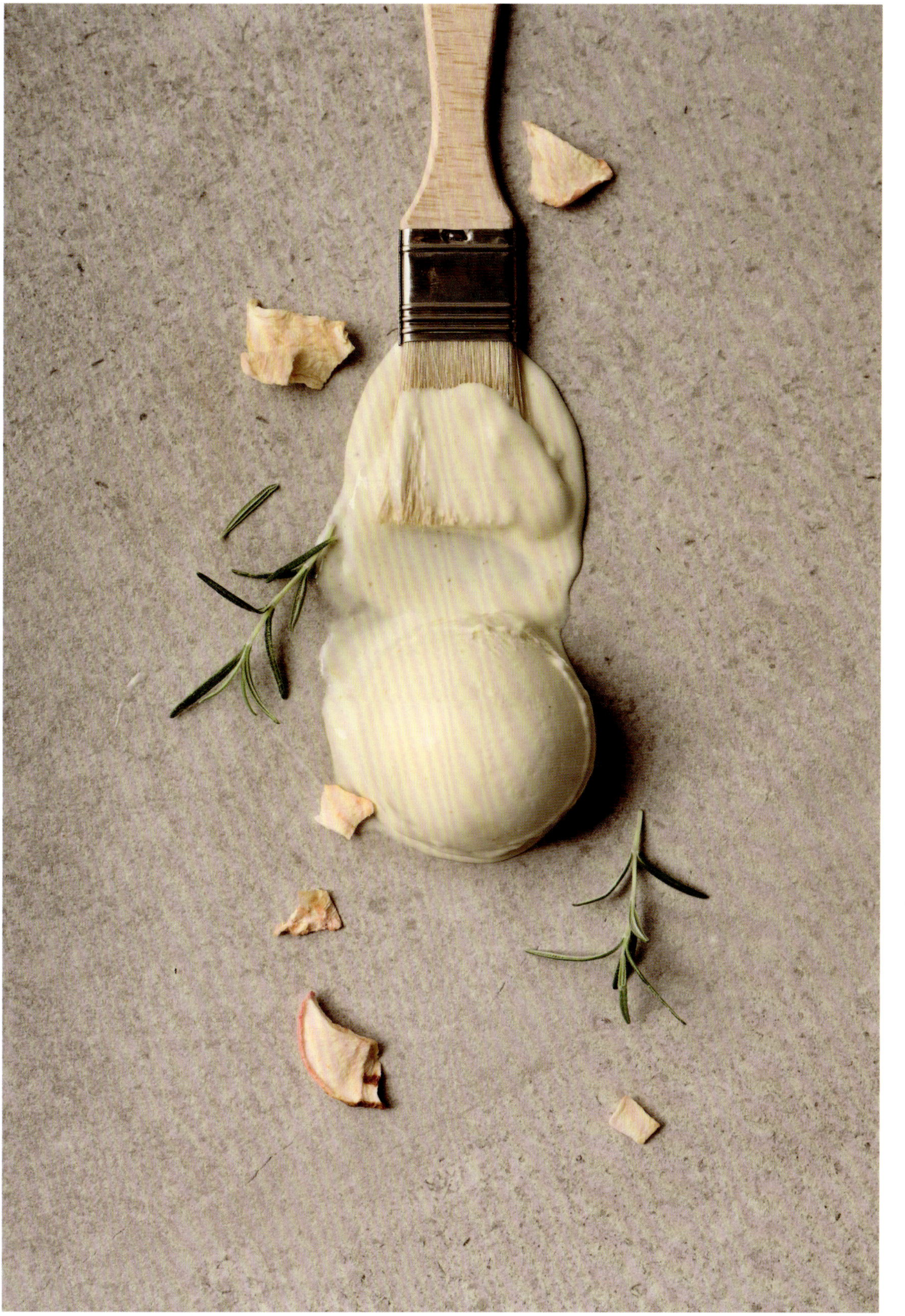

托斯卡那大區

辛西雅・歐特利
Cinzia Otri

辛西雅是真正的義式冰淇淋美食家，她有一家小小的冰淇淋店鋪，坐落於佛羅倫斯（Firenze）最具特色的廣場——帕塞拉廣場（Piazza della Passera）的角落。她活躍於各種活動及能與同事交流的機會，且十分要求義式冰淇淋的品質與細節。她的歷史和藝術背景敦促著她不懈的學習，也是她開發冰淇淋食譜配方與烹飪料理的靈感來源。

佩雷古力諾‧阿爾圖西義式冰淇淋
Pellegrino Artusi

這道食譜主要有雞蛋、奶油、來自佩魯賈省（Perugia）皮耶韋（Pieve）城的有機番紅花及佛羅倫斯百年香水製藥廠（Officina di Santa Maria Novella）手工製的濃縮阿克米斯酒（Alkermes）果凍。阿克米斯酒是一種義大利利口酒，以中性烈酒、肉桂、丁香、肉豆蔻和香草等香料混合，並添加胭脂蟲獲得其最為顯著的猩紅色酒體特徵。

這款風味致敬了托斯卡那的美食家與作家——佩雷古力諾‧阿爾圖西，他也是百年食譜《廚房的知識與食的藝術》（La scienza in cucina e l'arte di mangiar bene）的作者。在這本食譜書中，他亦使用了阿克米斯酒製作各種料理。

材料

- 全脂牛奶 565 克
- 鮮奶油（脂肪含量 35%）68 克
- 蛋黃 118 顆
- 蔗糖 128 克
- 葡萄糖 90 克
- 脫脂奶粉 15 克
- 29 DE 葡萄糖漿 14 克
- 角豆粉 2 克
- 番紅花花蕊 0.2 克

將牛奶、鮮奶油和蛋黃放在雙層蒸鍋蒸至攝氏 40 度，並加入所有粉類的食材。繼續烹煮約 20 分鐘，但溫度不可超過攝氏 70 度以免影響蛋白質。接下來加入番紅花並浸泡一夜。

第二天將其攪拌均勻後開始進行乳化攪拌製成冰淇淋，最後再淋上濃縮的阿克米斯酒果凍做色彩斑紋裝飾。

建議搭配食材
蘋果碎蛋糕。

製程補充

阿克米斯濃縮酒果凍 Riduzione e gelée di alkermes

材料

- 阿克米斯酒 200 克
- 洋菜 2 克

將阿克米斯酒倒入小鍋中，並用小火煮至濃稠狀，出現一層薄膜。將一半的濃縮阿克米斯酒倒入塑膠瓶中，以便後續用於冰淇淋製作中。接下來將另一半的濃縮酒加入洋菜，倒入剛好能裝下一釐米高液體的容器中。

待其冷卻後，將阿克米斯濃縮酒果凍切成小方塊狀。

蜜桃紅酒雪酪
Sorbetto pesche e vino

在托斯卡納，人們習慣在用餐結束後，來一點浸泡過奇陽地（Chianti）紅酒的上好木梨或甜桃。這在過去是農民的習俗，直到後來在義大利全國流行開來。辛西雅的食譜以清新爽口的雪酪重現此一習俗。

材料

- 蔗糖 215 克
- 鹽 3 克
- 角豆粉 2 克
- 經典奇陽地紅酒 250 克
- 帶皮甜桃 530 克

將粉末類材料乾拌混合後，再將紅酒緩緩倒入並用打蛋器攪拌。接下來加入成熟的切片甜桃，並攪拌均勻。最後放入冰淇淋機進行乳化攪拌即可上桌。

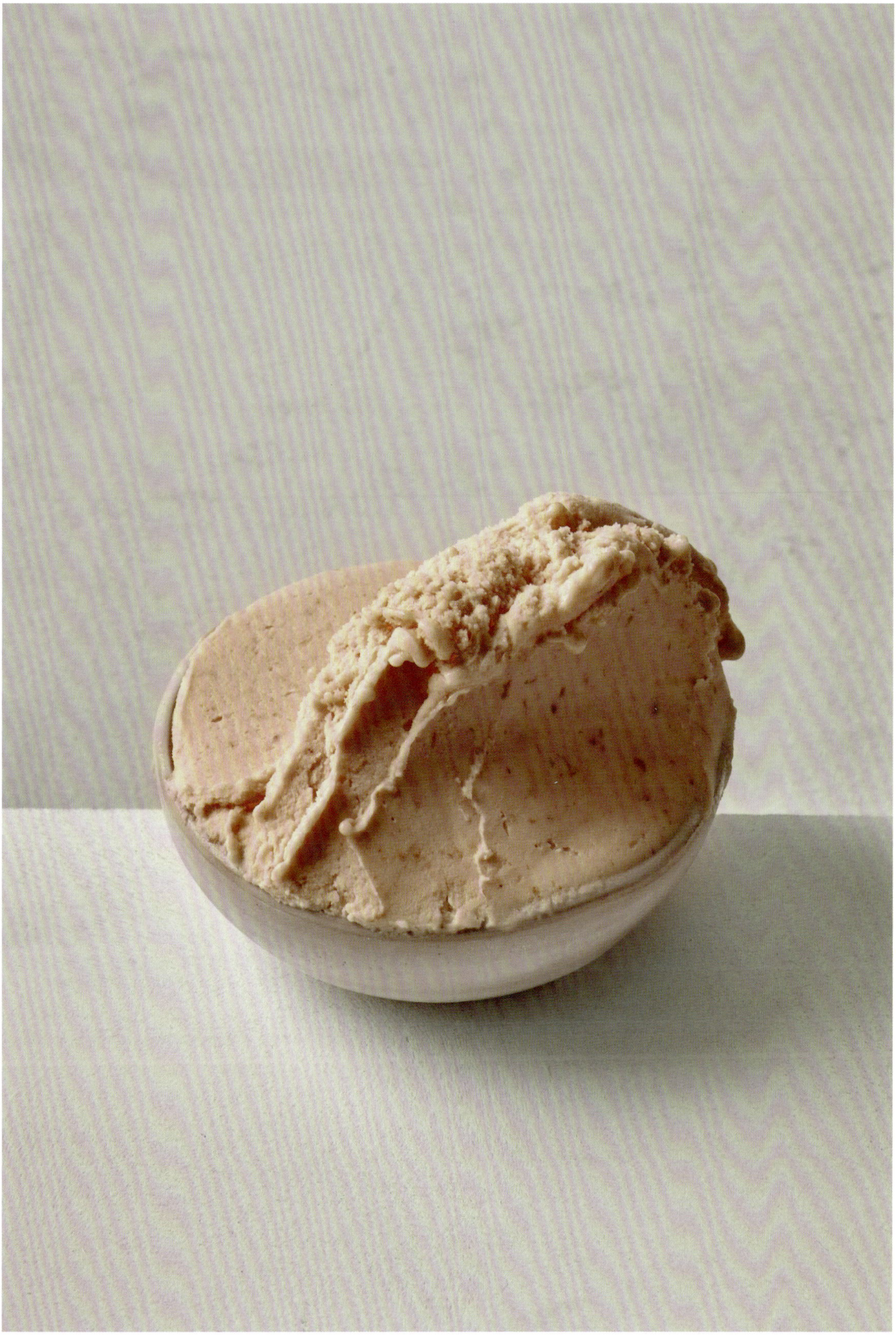

普里亞大區

路易吉・佩魯奇
Luigi Perrucci

路易吉是位義式冰淇淋大師，擁有多年透過學習和實踐經驗培養而得的技術。他也是位和藹且彬彬有禮的先生，總是不吝於提供建議與幫助。2006 年當我還在艾米里亞–羅馬尼亞大區，位於安佐拉德艾米里亞市（Anzola dell'Emilia）的卡比詹尼冰淇淋大學（Carpigiani gelato university）任教時，我認識了路易吉，他當時主要負責軟式冰淇淋。我當時很快意識到，他對於冰淇淋豐富的知識遠遠超越他所教授的課程內容。

加爾加諾仙人掌果雪酪
Sorbetto al fico d'India del Gargano

仙人掌果的原產地主要在智利，不過現今也在普里亞大區福賈省（Foggia）的加爾加諾地區廣泛種植，並以其細膩清爽的口感蔚為人知。這份食譜特別將步驟簡化，而雪酪適合現做現吃。

材料

- 仙人掌果 400 克
- 水 350 克
- 砂糖 250 克

將細砂糖倒入水中加熱至攝氏 65 度融化後，讓其冷卻至攝氏 20 度。

採摘仙人掌果後，仔細清洗去皮，並放入糖漿中攪拌均勻。之後將混合好的仙人掌果糖漿冷藏於攝氏 4 度的冰箱 15–30 分鐘。

最後用濾網篩掉仙人掌果籽，並放進家用冰淇淋機進行乳化攪拌。

建議搭配食材
適合搭配特拉尼莫斯卡托（Moscato di Trani）風乾甜葡萄酒。

無花果杏仁雪酪
Sorbetto di fichi e mandorle

製作這份雪酪時,路易吉偏好使用來自加爾加諾地區的白肉無花果,並搭配普里亞大區阿爾塔穆爾加地區(alta Murgia)的輕烘托里托杏仁,該種杏仁被列入慢食協會美味方舟的清單中。

材料

- 水 375 克
- 蔗糖 240 克
- 葡萄糖 30 克
- 粘米粉 5 克
- 白肉無花果 350 克
- 烘烤杏仁 100 克

將糖和粘米粉倒入水中,混合加熱至攝氏 85 度後,讓其冷卻至攝氏 15 度。同時,仔細的清洗無花果,不需去皮,並小心的去掉果實的底部和頂部。

完成後,將其加進前述混合好的材料中,並以手持攪拌器混合均勻,再放進冰箱冷藏約 15 分鐘。

冷藏完成後,可進行乳化攪拌,上桌時再加上杏仁即可。

建議搭配食材
適宜搭配加爾加諾區的密斯卡托風乾甜葡萄酒。

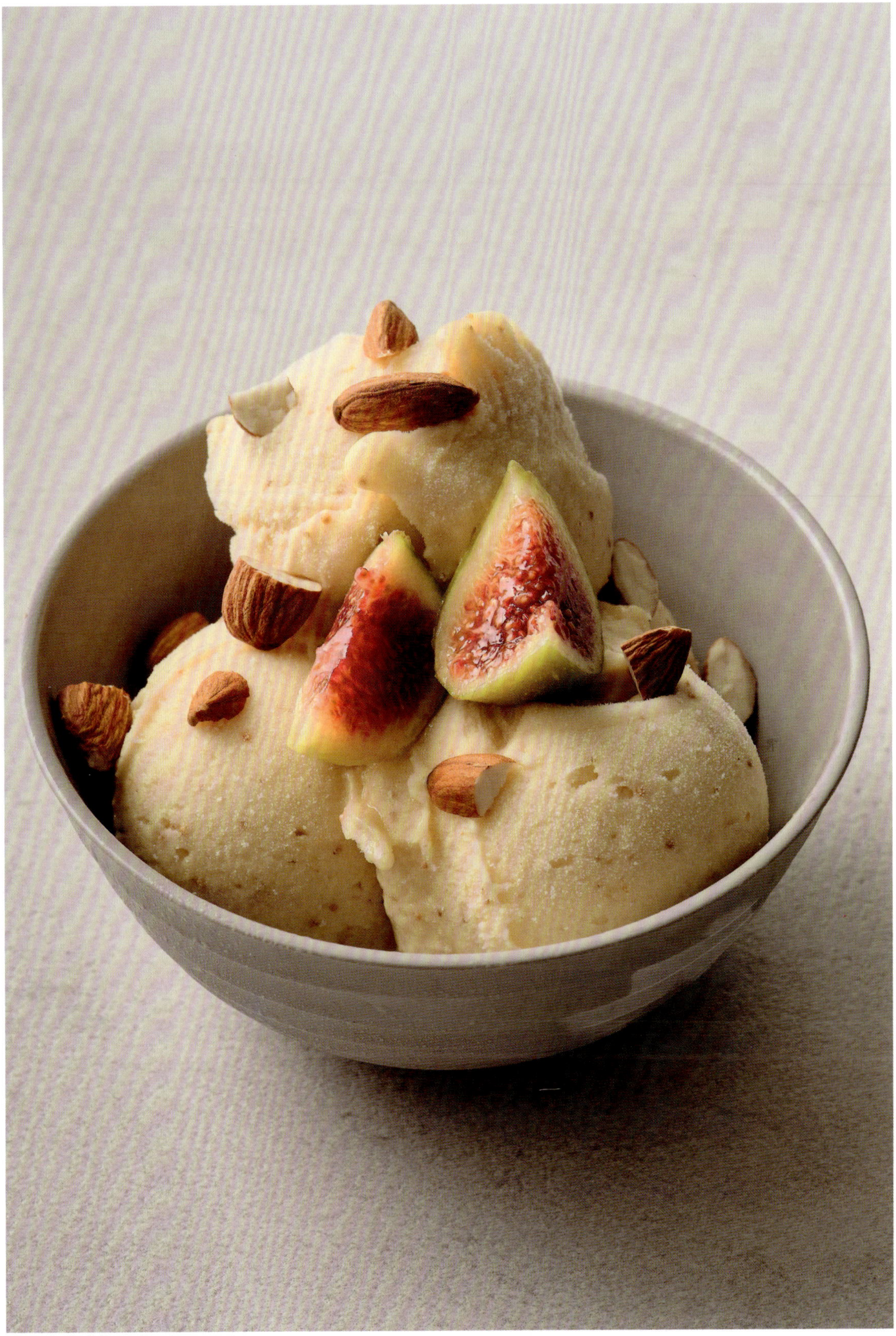

卡拉布里亞大區

奇雅拉・塞佛提
Chiara Saffioti

我與奇雅拉是在 2018 年西西里冰沙節（La Nivarata）認識的，我當時是技術評審團的一員，而她以柑橘、佛山柑、甘草及糖和水製成的冰沙「Calabrisella」獲得第一名。她的冰舖叫作「Granitiamo」，位於雷焦卡拉布里亞省（Provincia di Reggio Calabria）的帕爾米（Palmi）城鎮。她的義式冰淇淋冰舖僅在夏季時營業，其餘時間，她則是一位律師。

佩特羅薩仙人掌果冰沙
Granita La Petrosa

該道冰沙主要是以當地的仙人掌果製成，最後灑上杏仁。

材料

- 仙人掌果 350 克
- 水 406 克
- 蔗糖 144 克
- 烤杏仁 100 克
- 幾片薄荷葉

將仙人掌果去皮，攪拌混合後，用篩網將籽過篩掉。

再用一小鍋將糖和水倒入混合製成糖漿。完成後，加入烤杏仁、一點點的糖漿及薄荷葉混合，之後將剩下的材料全部加在一起，放入冰淇淋機結凍。上桌時，以一片薄荷葉點綴。

要用冰淇淋機做出好吃的冰沙，最重要的是確認冰沙的質地，並在正確的時間點以勺子取出。

建議搭配食材

適宜搭配一杯克里托內黎伯蘭迪的白酒（Critone Bianco Librandi）。

我的卡拉布里亞冰沙
Granita Calabria mia

這道美味的冰沙是以特羅佩亞的紅洋蔥（Cipolla di Tropea），浸泡於水中後，提取其甜味和風味製成。非常適合搭配卡拉布里亞的檸檬和皮佐鎮（Pizzo）的茲比博白葡萄酒（Zibibbo）。

材料

- 一顆特羅佩亞紅洋蔥 510 克
- 蔗糖 190 克
- 羅卡因佩里萊亞鎮（Rocca Imperiale）的檸檬 300 克

將切成兩半的洋蔥放進冷水浸泡半小時後取出，並在水中加入糖和檸檬汁，攪拌均勻，進行乳化攪拌。

冰沙可用立式冰淇淋專用攪拌機進行乳化攪拌，但要注意不要讓空氣和進去，以獲得正確的冰沙質地：不會太水也不會過於結凍。

上桌時可搭配濃縮的白葡萄酒淋醬。

建議搭配食材
里亞的黑豬肉香腸（Salsiccia di suino nero）。

製程補充
濃縮茲比博白葡萄酒淋醬 Riduzione di Zibibbo

材料

- 蜂蜜 40 克
- 皮佐鎮的茲比博白葡萄酒 100 克

將蜂蜜放入深鍋中以中火加熱至焦糖狀，再加入一點茲比博白葡萄酒，讓酒精蒸發兩分鐘。再繼續倒入剩下的葡萄酒，最後烹煮一下直到鍋中的酒剩下一半。

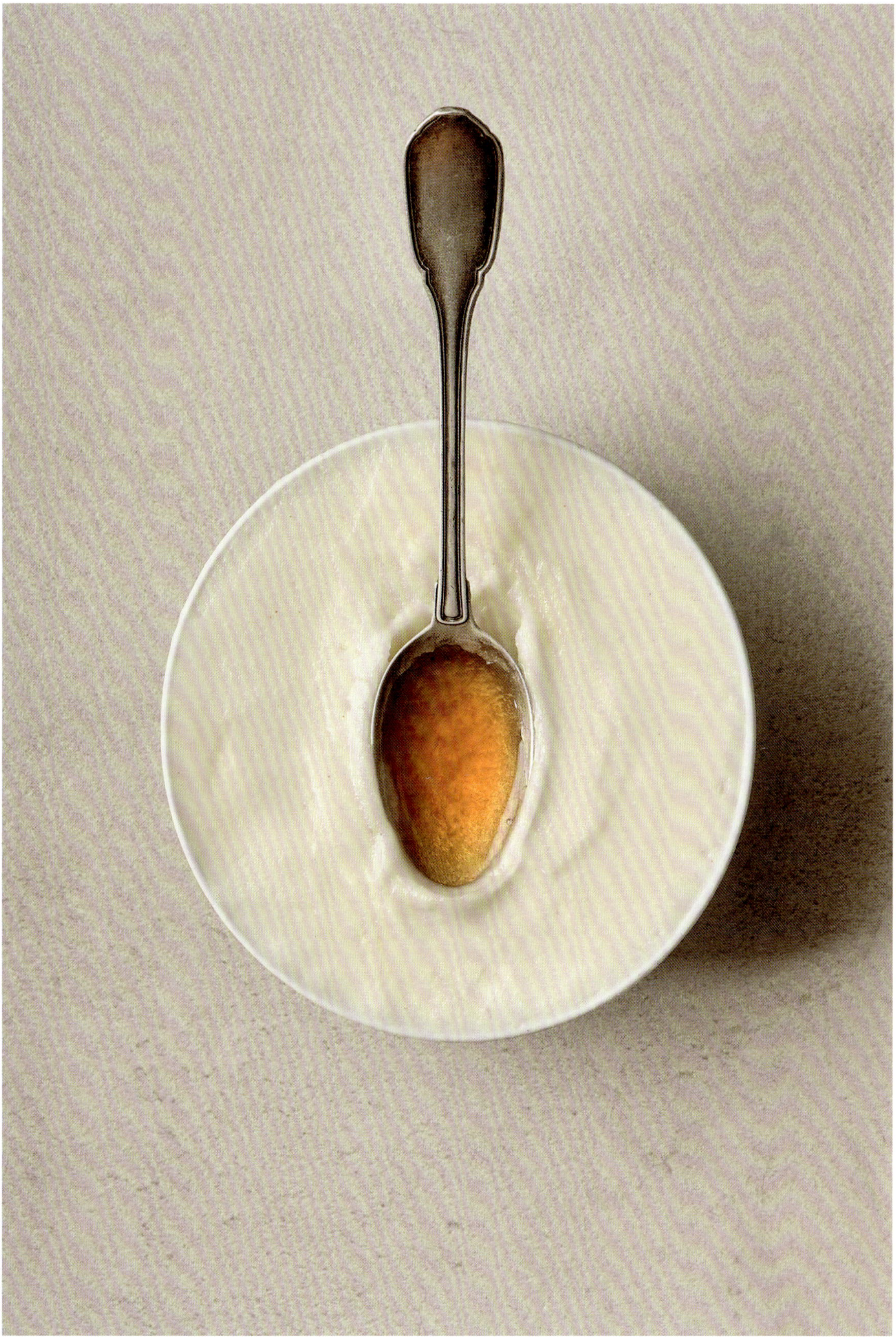

艾米里亞 – 羅馬尼亞大區

柯拉多與柯斯坦帝諾・塞內利父子
Corrado e Costantino Sanelli

能夠認識柯拉多，主因是我與他父親的友誼。他父親是一位勇於創新的冰淇淋大師，也是許多冰淇淋師傅的典範。2005 年時，當我懷著好奇心學習液態氮義式冰淇淋的技術時，柯拉多是第一批與倡導科學烹飪的學者大衛・卡西（David Cassi）一起進行實驗並在冰淇淋店鋪研發出此技術的人。柯拉多樂於助人，且個性謙遜，從這位大師身上，總能學到一些東西。他在兒子柯斯坦帝諾協助下，經營一間冰淇淋店鋪，其位於帕爾瑪省（Parma）的薩爾索馬焦雷泰爾梅鎮（Salsomaggiore Terme）。

帕瑪森乳酪蜂蜜義式冰淇淋
Parmigiano reggiano e miele

對柯拉多而言，這份食譜代表著他對故鄉最高的敬意：1999 年，他首次將這道冰淇淋以「甜筒」的方式推出，因其略帶鹹味的風味，在當時被認為是相當大膽前衛的作法。而他會有此巧思是因當時他在薩爾索馬焦雷泰爾梅的一所餐飲管理學校的老師，要他了解維多莉亞女王的飲食習慣，相關內容記載於一本烹飪書中：其中提到了一種以英國斯蒂爾頓藍乳酪（Silton）製成的半冷凍冰淇淋蛋糕（Semifreddo）。因此何不就用世界上最好的乳酪——法定產區認證（De.Co., Denominazione Comunale）的帕瑪森乳酪來製作呢。

材料

- 24 個月熟成帕瑪森乳酪 120 克
- 全脂牛奶 436 克
- 鮮奶油（脂肪含量 35%）110 克
- 水 110 克
- 百花蜜 220 克
- 鹽 3 克
- 中性穩定劑 2 克

將帕瑪森乳酪磨碎溶於不超過攝氏 70 度的牛奶和熱水中，再將剩餘所有的材料倒入，將溫度加熱至攝氏 80 度以進行巴氏殺菌。

在最後的步驟，最好將加熱混合完成的配方過濾，去除塊狀物後，進行乳化攪拌成冰淇淋，即可上桌。

建議搭配食材
柯拉多的一些主廚朋友會以巴薩米克醋、西洋梨和核桃搭配一杯風乾甜葡萄酒。

酸櫻桃雪酪
Sorbetto all'amarena

這是用柯拉多位於薩爾索馬焦雷泰爾梅城的自家花園所採摘的野生小酸櫻桃製成的雪酪。

材料

- 水 268 克
- 蔗糖 225 克
- 角豆粉 2 克
- 去核酸櫻桃 500 克
- 檸檬汁 5 克

將水、糖和角豆粉混合於一小鍋,以大火加熱,使糖得以溶解並且備穩定性,製成糖漿。接下來讓其冷卻,再加入酸櫻桃及檸檬汁,充分攪拌均勻。最後,放進家用冰淇淋機進行乳化攪拌。

建議搭配食材
適宜搭配一小杯的櫻桃酒(Kirsh)。

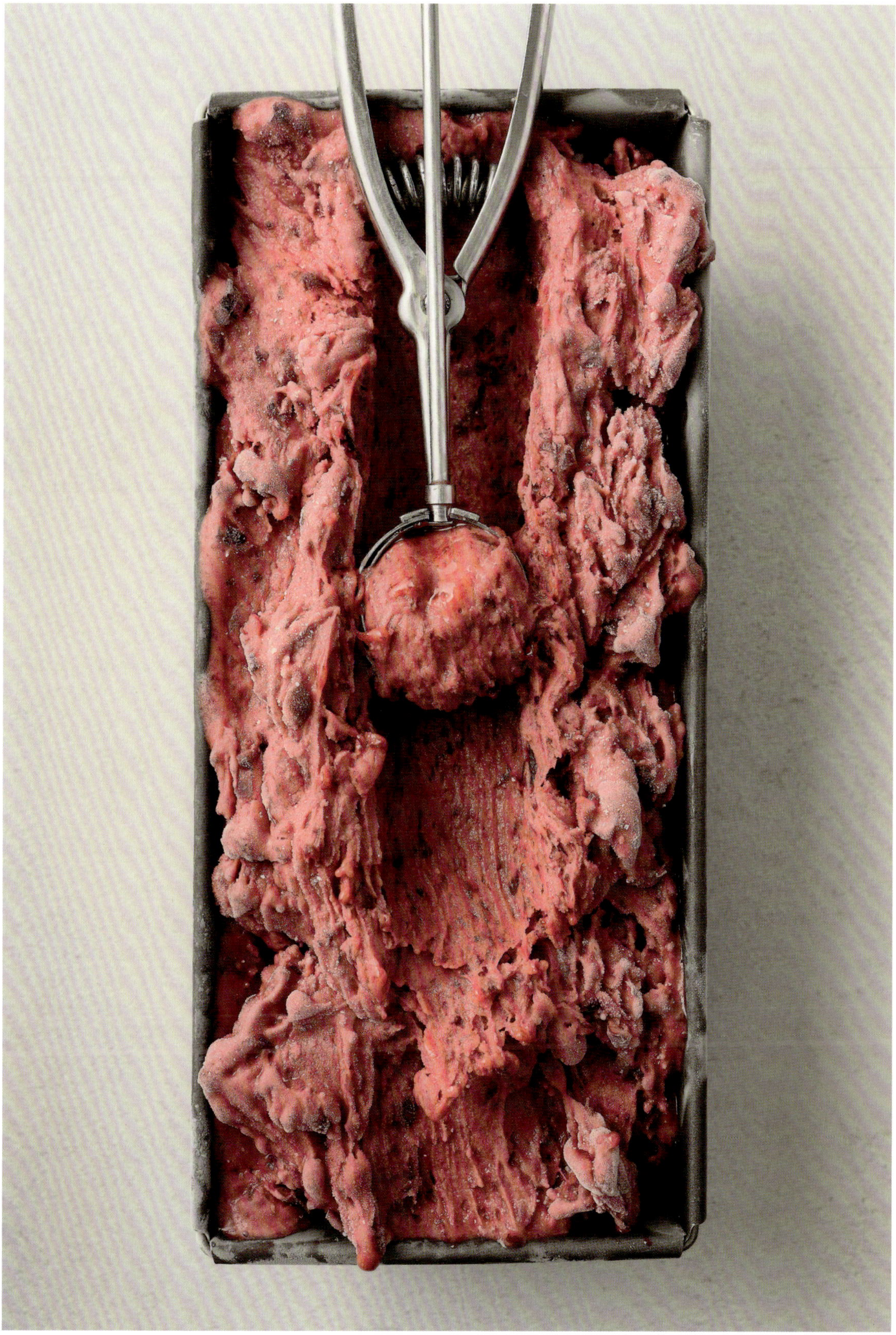

拉齊奧大區

雷納多・特拉巴爾札
Renato Trabalza

雷納多除了精通義式冰淇淋的技術外，也在家族企業累積了豐厚的經驗，是一位技術純熟的廚師。來到位於羅馬最有名的索拉・蕾拉餐館（Trattoria di Sora Lella）能享用到他的冰淇淋，因為他同時也是大名鼎鼎的演員及廚師——蕾拉・法比力茲（Lella Fabrizi）的姪子。

雷納多製作冰淇淋的理念是簡單：簡單即是美。原料精簡但選擇品質最好的材料，而且盡可能使用最接近羅馬產地的食材。另外，我還能很自豪地說，我是早期教授過雷納多的義式冰淇淋老師之一，後來，我還有幸能多次在他的餐廳用餐，享用他製作的美味義式冰淇淋。

沙巴雍・哈姆雷特義式冰淇淋
Zabaione Amleto

這份食譜是索拉・蕾拉餐館所供應的沙巴雍哈姆雷特冰淇淋的簡化版（沙巴雍是一種加了瑪薩拉酒的義式甜醬），最後以義式馬卡龍杏仁餅（Amaretti）點綴。

材料

- 蛋黃 180 克
- 含糖煉乳 280 克
- 陳釀一年半乾型瑪薩拉酒（Marsala fine semisecco）130 克
- 鮮奶油（脂肪含量 35%）90 克
- 全脂牛奶 320 克
- 玉米澱粉或粘米粉 4 克

將所有除瑪薩拉酒以外的材料混合於雙層蒸鍋蒸煮。

當混合材料變濃稠後，慢慢加入瑪薩拉葡萄酒並用食物攪拌器攪拌均勻。放在雙層蒸鍋中片刻，再放進冰箱冷藏，最後用冰淇淋機進行乳化攪拌。

享用前，於冰淇淋撒上一些義式杏仁馬卡龍碎片。

建議搭配食材
可以淋上幾滴巴薩米克醋「調味」。

緋紅晚霞雪酪
Sorbetto Rosso di sera

這道雪酪是以維泰博省（Provincia di Viterbo）上拉齊奧大區西米尼山區（Monti Cimini）的覆盆子和油封卡薩利諾品種番茄（Pomodorino casalino）製成。該種番茄是羅馬城堡（Castelli Romani）周圍經典的番茄品種，但目前在佛爾米亞（Formia）和蓋耶塔（Gaeta）城鎮沿岸都能見到其蹤跡。

雷納多告訴我，這道雪酪誕生於一個夏日傍晚的工作天：「我一直認為覆盆子和番茄近似的香氣十分有趣。我想以這兩種材料創造出一道義式冰淇淋口味，並將其列入我的冰淇淋菜單中。番茄和覆盆子深紅色的色澤，也給了我命名的靈感。」

材料

- 卡薩利諾番茄 150 克
- 馬爾登煙燻海鹽 0.5 克
- 冷壓初榨橄欖油
- 墨角蘭（Maggiorana）
- 西米尼山區覆盆子 500 克
- 蔗糖 250 克
- 塔拉粉 2 克
- 檸檬汁 5 克
- 水 92.5 克

將番茄洗淨去掉蒂頭後，在底部切個十字，用熱水川燙幾分鐘，並以冷水沖洗去皮。

將番茄對半切開，鋪在放有烘焙紙的烤盤上，撒上鹽、橄欖油和墨角蘭，並將其放入烤箱以攝氏 140 度烘烤 15 分鐘。

待其冷卻後，將番茄和覆盆子汁、蔗糖（事先與塔拉粉混合）、檸檬汁和水和在一起，再放入冰箱冷藏 20 分鐘。從冰箱取出後，再次攪拌，便可進行乳化攪拌。

建議搭配食材
適宜配上一杯果仁酒（ratafià）或墨角蘭燉飯。

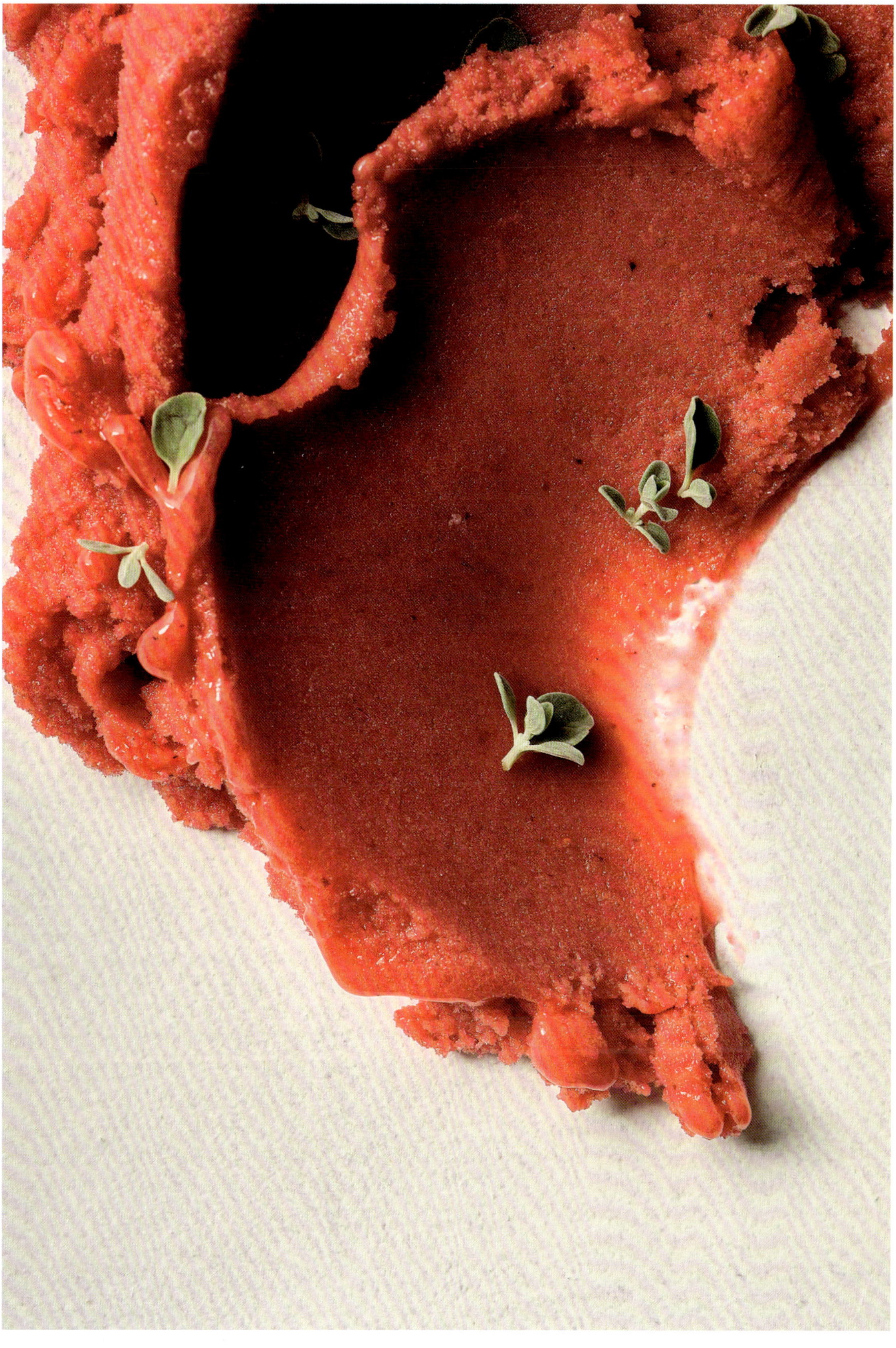

威尼托大區

圭鐸・贊多那
Guido Zandonà

圭鐸對於他的冰淇淋有著明確的理念：質量的追求和提升在地特產的期望。這也促使他與他的姐夫羅倫佐・贊博寧（Lorenzo Zambonin）一同在帕多瓦（Padova）創立了一家名為「Ciokkolatte – il gelato che meriti」義式冰淇淋店。

他們不僅精通義式冰淇淋製作的工法、食材搭配，也擅於行銷，曾多次獲得獎項。他們最引以為傲的作品是鹹奶油焦糖義式冰淇淋，而他們決定在本書中透露此配方。

寧靜粉紅義式冰淇淋
Serenissimo in rosa

這是圭鐸於 2021 年為一場舉辦於威尼托大區，由許多冰淇淋店和義式冰淇淋行業協會所支持的大型活動所製作的義式冰淇淋食譜，而當時的環義賽（Giro d'Italia）三個賽段剛好都在該地區舉行。這份食譜除了受當時環義賽中粉色的自行車服裝啟發，也蘊含了團結與重新出發的意義，如在地性（Prosecco 義式氣泡酒和覆盆子）、代表性（阿佩羅雞尾酒 Spritz 的配方，相傳該雞尾酒起源於帕多瓦）以及自體育運動所傳遞的重新出發和達到目標的決心。

材料

- 尤加安尼火山丘陵地 DOC 法定產區 Prosecco 義式氣泡酒 270 克
- 水 250 克
- 多羅密提山（Dolomiti）的覆盆子 180 克
- Nostrano 的甜菜砂糖 150 克
- 柳橙汁 110 克
- 粘米粉 37 克
- 檸檬皮屑 3 克

將水煮沸後，倒入粘米粉並關火攪拌。接下來加入糖和檸檬皮屑，繼續攪拌，倒入柳橙汁和覆盆子（攪拌混合及過篩）。將其放入冰箱冷藏 2 小時後，再倒入 Prosecco 義式氣泡酒以便在冰淇淋機進行乳化攪拌。

建議搭配食材

適宜搭配鹹杏仁和黑橄欖抹醬（Paté di olive nere）烤麵包。

特級奶油海鹽焦糖義式冰淇淋
Caramello salato al burro superiore

這道美味的義式冰淇淋曾多次獲得美食指南與大賽的殊榮。Ciokkolatte 的老闆們使用位於維琴察省（Vicenza）贊內鎮（Zanè）布拉扎雷兄弟所製作的特級奶油，布拉扎雷兄弟（Brazzale）的奶油工廠是義大利最古老的奶油工廠（已是第八代），且被公認為世界上最好的奶油工廠之一。

材料

- 有機全脂牛奶 490 克
- 水 90 克
- 蔗糖 50 克
- 脫脂奶粉 38 克
- 鮮奶油（脂肪含量 35%）90 克
- 葡萄糖 33 克
- 乳清蛋白 25 克
- 29 DE 葡萄糖漿 25 克
- 中性穩定劑 5 克
- 切拉維爾的甜鹽 4 克
- 鹹奶油焦糖醬 240 克

除鹹奶油焦糖醬外，將所有的材料加熱至攝氏 85 度進行巴氏殺菌後，待其冷卻至攝氏 4 度，才將冷的鹹奶油焦糖醬倒入。

建議搭配食材
適合同夏季早餐杏桃醬牛奶麵包及香脆培根一起搭配。

製程補充

鹹奶油焦糖醬 Salsa mou al burro salato

材料

- 蔗糖 250 克
- 水 40 克
- 52 DE 葡萄糖漿 120 克
- 鮮奶油（脂肪含量 35%）337 克
- 蔗糖 250 克
- 香草粉 1 克
- 鹽 2 克
- 奶油 250 克

將水和葡萄糖漿以攝氏 190 度的溫度煮成焦糖。將混合了香草及精鹽的奶油加熱至沸騰，再慢慢地讓其冷卻。接下來加入切塊的奶油丁，並攪拌至完全乳化。

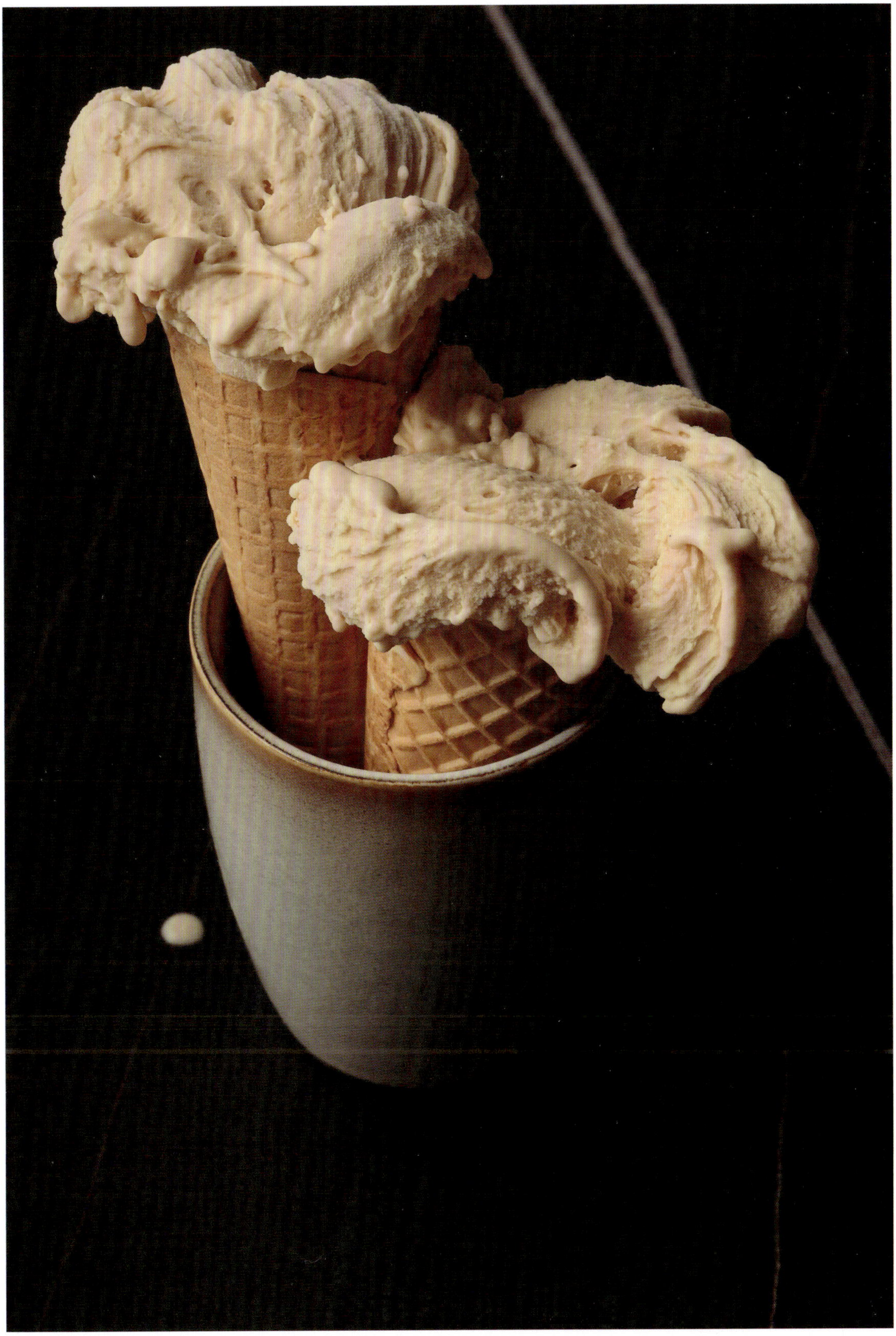

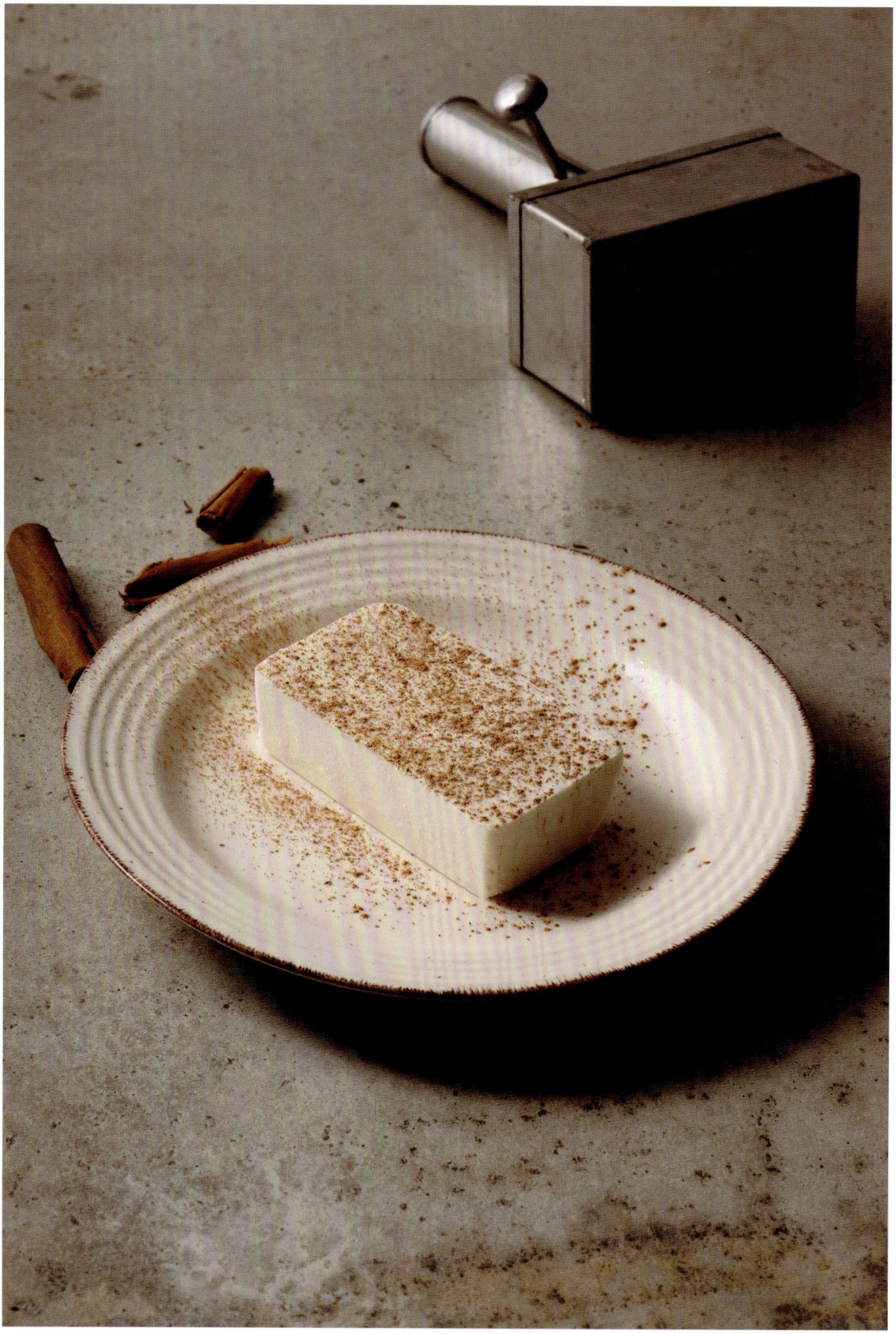

羅伯特・羅柏蘭諾的夏季食譜

肉桂托瑪迪格雷索尼乳酪義式冰淇淋
Toma di Gressoney alla cannella

大約在我九歲那年的暑假，我的父母決定帶我們去山上度假，這是我們第一次在山野間過的暑假。只是一年後，我的父親決定開始在冰淇淋店工作，並最終接管了這家店，因此我們家過暑假的模式也永遠改變了。

我決定製作這款肉桂味的冰淇淋，且使用來自奧斯塔（Valle d'aosta）山谷區牧場的托瑪迪格雷索尼乳酪（Toma di Gressoney，是一種獲得PAT義大利傳統農產品認證的乳酪），以紀念那次短暫卻令人振奮的時光。

材料

- 托瑪迪格雷索尼乳酪 170 克
- 全脂牛奶 575 克
- 鮮奶油（脂肪含量 35%）50 克
- 蔗糖 100 克
- 葡萄糖 70 克
- 海藻糖 30 克
- 鹽 2 克
- 角豆粉 2 克
- 洋菜 1 克
- 一根肉桂棒
- 肉桂粉 1 克

將切塊的托瑪迪格雷索尼乳酪加入熱牛奶和鮮奶油中，同時用力攪拌，當溫度升至攝氏45度時，將事先已乾混好的粉末類材料緩緩倒入，再將溫度加熱至攝氏65度進行巴氏殺菌。在此溫度下靜置30分鐘，並加入肉桂棒，待其冷卻後過濾。

最後進行乳化攪拌成冰淇淋，上桌時撒上少許的肉桂粉。

建議搭配食材
適宜搭配一塊鹹蛋糕。

Autunno 秋季

艾米里亞 – 羅馬尼亞大區

克勞迪歐・巴拉奇
Claudio Baracchi

克勞迪歐是當地小型製造商的資深鑑賞家，也是慢食協會美味方舟的支持者。過去十三年來，他致力於推廣精緻口味的義式冰淇淋，其中大多數的口味與莫德納地區，以及他的冰淇淋店所在地——斯皮藍貝爾托市（Spilamberto）的一個小地區相關。前段時間，他帶我參觀了一家當地帕瑪森乳酪的製造商，並在莫德納市（Modena）的傳統巴薩米克醋博物館駐足一會，而該博物館主要以提供來訪者獨一無二的感官體驗聞名。

莫德納 25 年陳年巴薩米克酒醋義式冰淇淋
Aceto balsamico tradizionale di Modena Dop

這款義式冰淇淋除了有真正來自莫德納市的巴薩米克酒醋（也就是至少經過 25 年的陳釀），還有一些經過特殊加工獲得的植物精油。之所以選擇杜松、櫻桃木、橡木和栗木精製而成的油，是因這些木材受 DOP（原產地名稱保護認證）傳統巴薩米克酒醋協會規定，以作為釀造長年成熟、珍貴的巴薩米克酒醋的木桶。

現今在網路上能找到一些家用小型蒸餾器和所有你想要的木屑：按照指示便能萃取出你需要的精油，創造屬於自己的芳香。

材料

- 有機白蔗糖 160 克
- 葡萄糖 22 克
- 脫脂奶粉 20 克
- 有機 19 DE 麥芽糊精 20 克
- 有機角豆粉 2 克
- 洋菜 2 克
- 莫德納產區白色乳牛全脂牛奶 492 克
- 馬斯卡彭奶酪 150 克
- 自製全脂優格 125 克
- 莫德納傳統巴薩米克酒醋 7 克
- 一滴杜松木、櫻桃木、橡木和栗木的精油

將粉狀材料倒進碗中，並用打蛋器攪拌均勻使其乾燥混合。讓牛奶在火上慢慢加熱，再緩緩倒入前述混合好的粉末材料中，並以打蛋器攪拌，直至溫度升上攝氏 85 度。

一但溫度達到後，將加熱好的液態混合原料倒進一個夠大的容器，並加入馬斯卡彭奶酪，以打蛋器充分攪拌。接下來倒入自製的優格，持續用打蛋器攪拌直到混合物均勻有光澤。

最後，當混合物完全冷卻，加入巴薩米克酒醋和一滴杜松木、櫻桃木、橡木和栗木的精油，繼續用打蛋器將其與剩餘的混合物攪拌均勻。

進行乳化攪拌前，建議將混合好的冰淇淋材料靜置至少一夜。隔天，當酒醋和精油的香氣與其他的原料融合後，風味將更臻均衡。

待乳化攪拌完成，冰淇淋上桌時，淋上份量充足的莫德納 DOP（原產地名稱保護認證）傳統巴薩米克酒醋。

建議搭配食材

這是一道適合「冥想」的冰淇淋，因此不需任何佐料即可享用。

濃縮葡萄果漿帕瑪森乾酪義式冰淇淋
Parmigiano reggiano e mosto cotto

材料

- 有機白蔗糖 180 克
- 葡萄糖 36 克
- 有機角豆粉 2 克
- 洋菜 2 克
- 莫德納產區白色乳牛全脂牛奶 200 克
- 鮮奶油（脂肪含量 35%）110 克
- 有機蛋清 90 克
- 碎磨熟成 24 個月帕瑪森乾酪 60 克
- 莫德納產區白色乳牛瑞可塔乳酪（Ricotta）320 克

以打蛋器將粉末狀材料混合，使其均勻分散。

將牛奶、鮮奶油和蛋清以小火加熱，並將混合好的粉末食材緩緩倒入，同時用打蛋器攪拌並持續加熱。

當溫度大約達到攝氏 60 度時，倒入磨碎的帕瑪森乾酪，盡量輕輕拌勻，並以小型手持攪拌機協助攪拌 8 至 10 秒即可，不需過度攪拌：帕瑪森乾酪微小的顆粒，並不會影響冰淇淋的結構，反而是這道冰淇淋的特點。

當溫度達到攝氏 85 度時，即可終止巴氏殺菌的階段。

將混合好的材料倒進一個夠大的容器內，再加入瑞可塔乳酪，並用手持攪拌機攪拌直至無塊狀。

於冰淇淋機內進行乳化攪拌前，將攪拌均勻的混合物放於冰箱中靜置至少二、三個小時。

最後，上桌時可淋上濃縮葡萄果漿進行色彩斑紋裝飾。

建議搭配食材
適宜搭配水梨醬或肉桂南瓜醬。

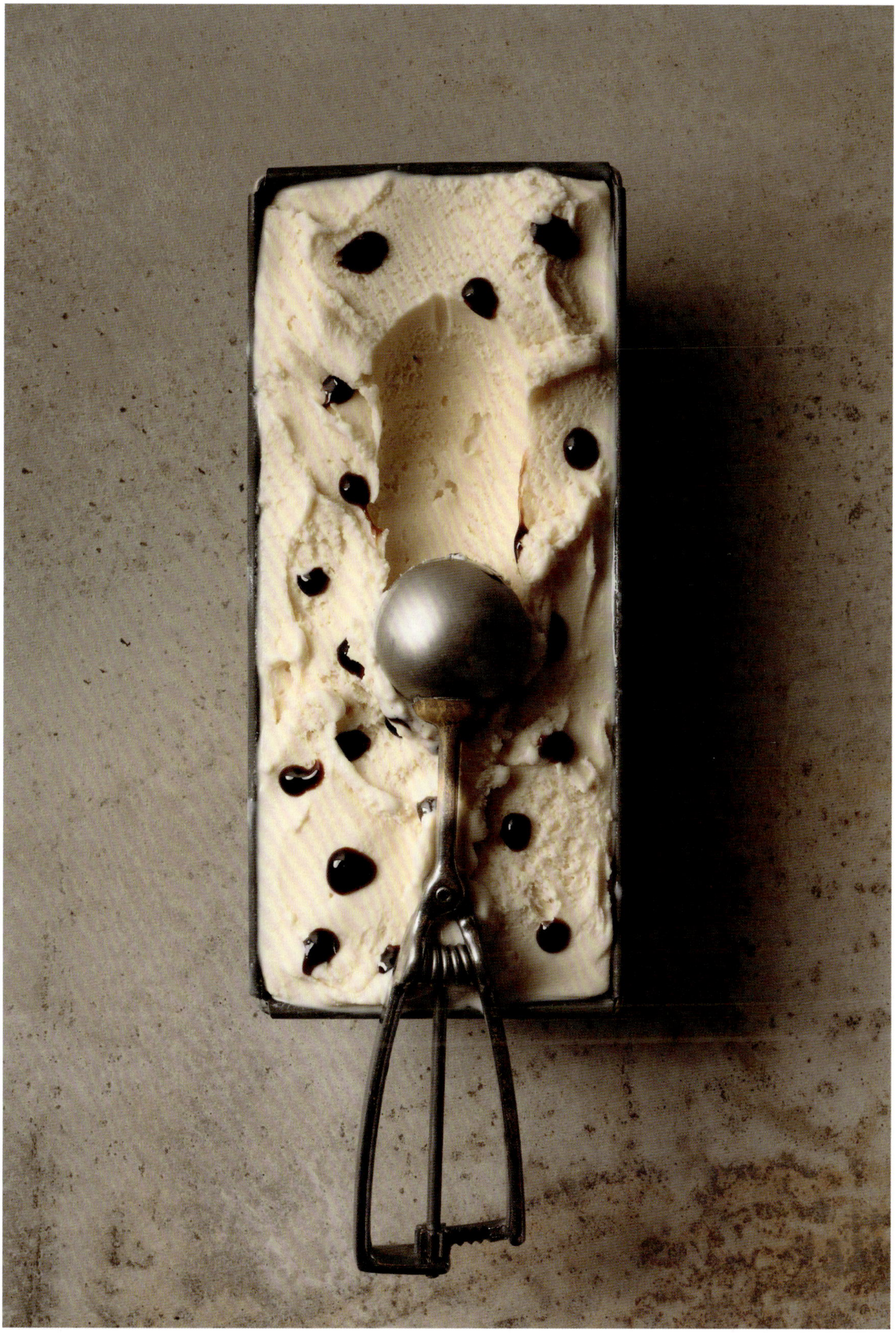

托斯卡納大區

史蒂芬諾・切科尼
Stefano Cecconi

史蒂芬諾不僅是一位細心的冰淇淋師傅，瘋狂熱愛冰淇淋、這座城市以及當地特產的他，更將自己與家鄉阿雷佐（Arezzo）完美融合。即使已經作了多年的學徒，他仍十分謙虛學習向同事討教。幾年前，他在市中心開了一家自己的冰淇淋店「Cremeria Cecconi」。他的性格開朗、待人友善，非常懂得使用頂級品質的冰淇淋招待客人，使他們有賓至如歸的感受。

羊奶乳酪西洋梨義式冰淇淋
Al contadino non far sapere...

這份食譜重新詮釋了昔日農家小吃——Cacio 羊奶乳酪與西洋梨 *

材料

- 蔗糖 100 克
- 29 DE 葡萄糖粉 60 克
- 中性穩定劑 5 克
- 粗鹽 2 克
- 有機乾草全脂牛奶（乳牛夏天吃新鮮的草，冬天則以乾草餵養）588 克
- 脫脂奶粉 30 克
- 有機百花蜜 50 克
- 托斯卡納半熟羊奶乳酪（Pecorino semistagionato toscano）150 克

將所有粉末材料於小碗中秤重，並用打蛋器混合均勻。秤取牛奶及蜂蜜放入一量杯壺中，將其混合後放在火上加熱至攝氏 85 度，加熱過程中達到攝氏 25 至 30 度時，倒入粉末類材料持續加熱直到達到指定溫度。同時，在另一個容器中秤量切塊去皮的半熟羊奶乳酪。

當上述的混合材料加熱完成後，將其倒入裝有乳酪的容器中，攪拌均勻，讓其冷卻，並進行最後的乳化攪拌。上桌時，可用麵包丁和西洋梨醬做至少三層的色彩波紋裝飾。

建議搭配食材

適合搭配一杯上好的科爾托納小鎮希哈紅酒（Syrah），這是一種具有如紅寶石般深邃的色澤，並帶有胡椒和香料等深色水果風味的紅酒。

製程補充

梨醬 Salsa alle pere

材料

- 帶皮西洋梨果肉 500 克
- 蔗糖 200 克
- 有機百花蜜 100 克
- 62 DE 葡萄糖漿 100 克
- 水 100 克

清洗水果，將其去核並攪拌成泥狀。把西洋梨果泥同所有其他食材放於不沾鍋中，以中火攪拌約 15 分鐘，從火上取下後，用手持攪拌機再次攪拌。待冷卻後，將其密封保存在冰箱不超過 15 天。

麵包丁 Crumble di pane

材料

- 麵包
- 奶油

將奶油融化，同時把麵包切成約 2-3 釐米厚度的片狀。以糕點刷在麵包丁兩面塗上奶油，並放在鋪有烘焙紙的烤盤上，每面以攝氏 180 度於烤箱內烘烤約 8 分鐘。當麵包烤至金黃後，再用刀將麵包切碎，最後放進密封容器，於冰箱保存一週，或將其放於真空保鮮袋裡。

有機瓦爾迪奇亞納無花果雪酪
Sorbetto al fico bio della Valdichiana

史蒂芬諾在這道食譜中使用了自家農場種植的有機九月無花果（Fichi settembrini，一種義大利的無花果品種，通常在九月成熟而得名）。

材料

- 蔗糖 150 克
- 中性穩定劑 3 克
- 水 327 克
- 帶皮無花果 500 克
- 百花蜜 20 克

以量杯壺秤量粉末狀材料和水，並用手持攪拌機充分攪拌直到獲得糖漿的稠度。接著加入帶皮無花果，攪拌均勻成泥狀，並將其加熱至攝氏 40 度以使糖完全溶解。

達到指定溫度後，將其放進冰箱冷卻數小時，並可於家用冰淇淋機進行乳化攪拌。

建議搭配食材
適宜搭配以木頭烤製的石磨麵粉托斯卡納麵包和口味濃郁的普拉托瑪尼奧山生火腿（Prosciutto crudo del Pratomagno）。另一個搭配可以嘗試：新鮮可整塊食用的斯特拉基諾乳酪（Stracchinato）。

＊這道食譜的命名出自義大利的諺語「Al contadino non far sapere quant'è buono il formaggio con le pere」，意即「最好不要讓農夫知道起司與西洋梨的搭配有多美味。」這句諺語可追溯至中世紀，當時起司屬於窮人階級的食物，而水果則是富人才負擔得起，因此當起司和西洋梨同時端上富人餐桌時，貴族為了避免社會階層分化的消失，而有此俗言。俗諺發展至今，最後隱含意義為「對於已經知道一切的人，隱瞞秘密是無用的。」

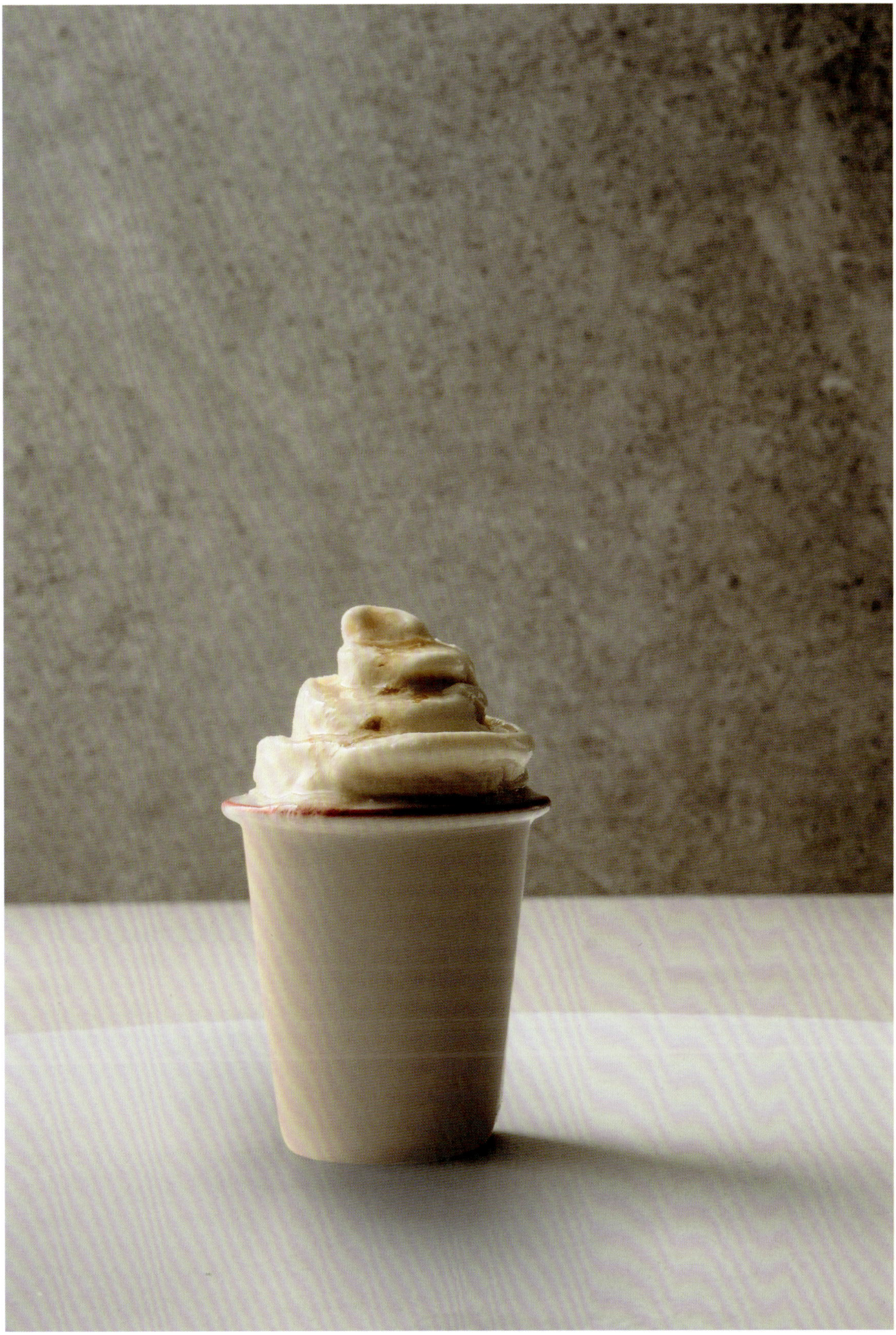

阿布雷佐大區

法蘭西斯柯・狄奧雷塔
Francesco Dioletta

法蘭西斯柯是位冷靜、溫和卻意志堅定的人，經歷拉圭拉市（L'Aquila）那場可怕的大地震後，雖然帶走了他的生意和一些希望，但他也成功的重新振作起來。如今，他是義大利最受歡迎的冰淇淋師之一，他在孩子的幫助下，在拉圭拉市和阿布雷佐省開了一家相當受人歡迎的冰淇淋實驗室，以及經營許多分店據點的 Duomo 冰淇淋店。在冰淇淋業界，他的專業精神和善良的心腸堪稱典範。

阿布雷佐甜味披薩義式冰淇淋
Pizza dolce abruzzese

阿布雷佐傳統的甜披薩是一種千層蛋糕，可在家中製作，並適用於任何場合。法蘭西斯科決定在他的冰淇淋店以簡單的兩種口味：奶油和奶油巧克力「複製」這道經典的甜點。

材料

奶油食譜
- 糖 210 克
- 角豆粉 3 克
- 全脂牛奶 517 克
- 蛋黃 100 克（6 顆）
- 鮮奶油（脂肪含量 35%）170 克

奶油巧克力食譜
- 糖 180 克
- 角豆粉 3 克
- 全脂牛奶 517 克
- 蛋黃 100 克（6 顆）
- 鮮奶油（脂肪含量 35%）170 克
- 70% 黑巧克力 100 克
- 海綿蛋糕薄片（fogli di pan di Spagna）
- 阿克米斯酒（Alkermes）

奶油製作步驟
將一小茶匙的糖與角豆粉融合，並在一小鍋中同牛奶一起加熱至攝氏 85 度，再放入蒸鍋中冷卻。另外，將剩餘的糖、蛋和鮮奶油攪拌均勻，然後倒入牛奶，同時繼續用打蛋器攪拌。

奶油巧克力製作步驟
重複上述步驟，只是將巧克力加入熱牛奶中。

在一托盤中以交錯的方式，放上一層泡過阿克米斯酒的海綿蛋糕片和兩層義式冰淇淋：一層是奶油口味，另一層是奶油巧克力。最後在冰淇淋上撒上同樣浸泡過阿克米斯酒的海綿蛋糕碎，食用前，將其放入冰箱中冷凍至少 12 小時。

建議搭配食材
適宜搭配阿布雷佐的貴腐甜白酒（vino passito muffato）或陳年朗姆酒。

阿布雷佐拉塔霏亞果仁酒義式冰淇淋
Ratafià d'Abruzzo

拉塔霏亞酒是一種蒸餾型的酒，有著櫻桃和糖漬柑橘風味。這種利口酒過去在拉圭拉市幾乎家家戶戶都有釀造。據說人們在簽訂重要合約時，都會搭配飲用這款酒。法蘭西斯科的義式冰淇淋以阿布雷佐的蒙特普爾恰諾（Montepulciano d'Abruzzo）葡萄酒和酸櫻桃複製了這種利口酒的風味。

材料

- 全脂牛奶 419 克
- 鮮奶油（脂肪含量 35%）176 克
- 酸櫻桃 80 克
- 蛋黃 70 克
- 蔗糖 60 克
- 脫脂奶粉 50 克
- 30 DE 葡萄糖漿 40 克
- 角豆粉 3 克
- 阿布雷佐的蒙特普爾恰諾葡萄酒 100 克

除了葡萄酒外，將所有材料以巴氏殺菌加熱至攝氏 85 度，待冰淇淋於乳化攪拌階段快完成時，慢慢加入葡萄酒。

將冰淇淋取出時，加入阿布雷佐的蒙特普爾恰諾濃縮葡萄酒醬汁和酸櫻桃。

建議搭配食材
適合搭配黑巧克力風味義式冰淇淋、堅果蛋白糖飾餅乾（Biscotti brutti e buoni）或杏仁義式脆餅（Cantucci con le mandorle）。

製程補充

濃縮阿布雷佐蒙特普爾恰諾葡萄酒酸櫻桃醬汁
Riduzione di Montepulciano d'Abruzzo e amarene

材料

- 阿布雷佐的蒙特普爾恰諾葡萄酒 400 克
- 酸櫻桃 250 克
- 蔗糖 300 克
- 拉塔霏亞果仁酒（Ratafià）50 克
- 黃原膠 2 克

將所有食材混合在一鍋中，以慢火燉煮至總量減少至三分之一，並讓其冷卻。

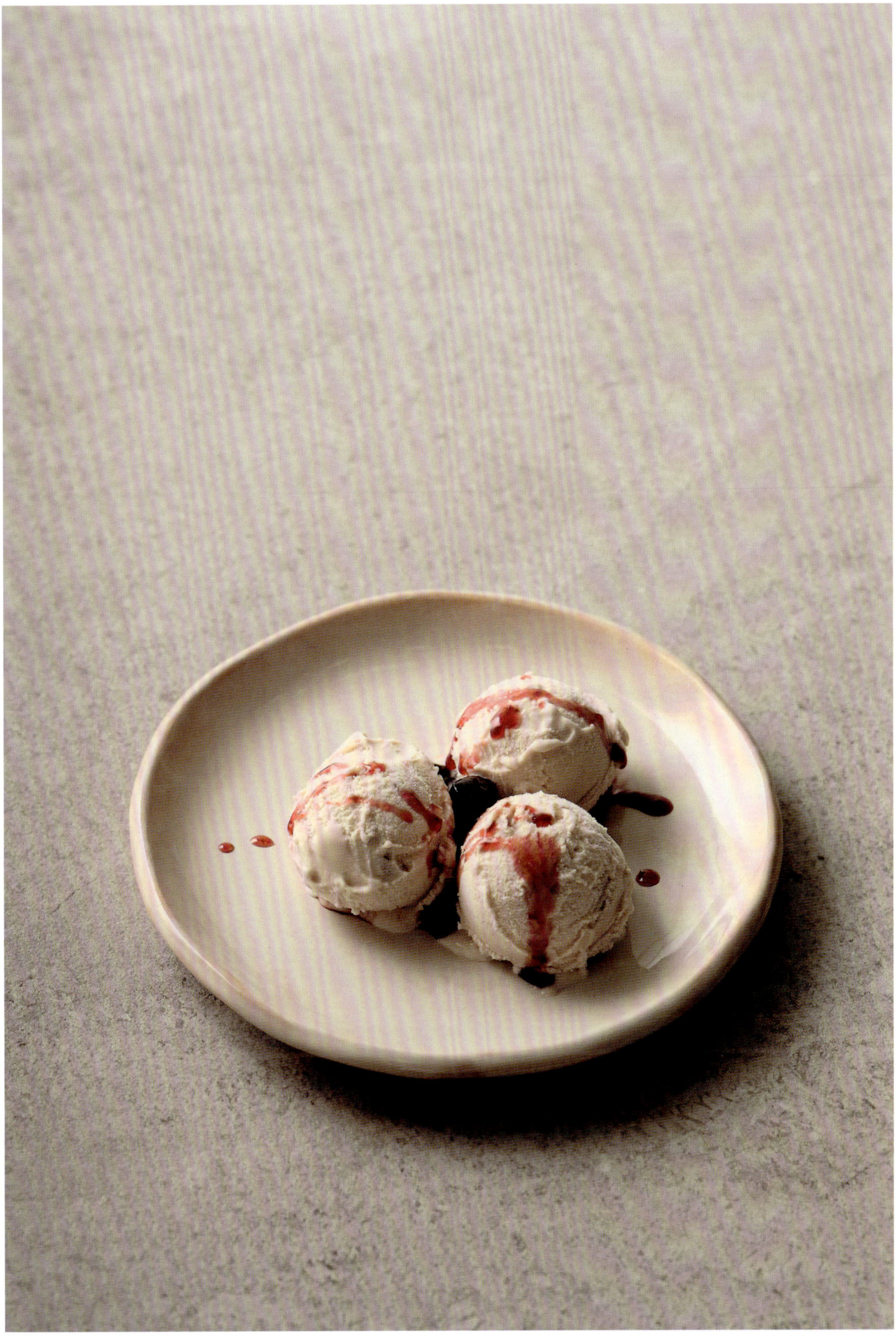

坎帕尼亞大區

艾黛勒・伊烏莉安諾
Adele Iuliano

我有幸在一些比賽，如 Sherbeth Festival（義大利冰淇淋競賽）和西西里冰沙節（La Nivarata）結識艾黛勒・伊盧莉安諾和安娜瑪莉亞・斯貝蒂卡托（Annamaria Spedicato）。她們總是能將自己的家鄉風味與義式冰淇淋結合，在坎帕尼亞大區貝內文托市的冰淇淋店「很久很久以前……」（C'era una Volta），以笑容和純樸的方式為顧客提供創意冰淇淋，她們所代表的就是兩顆純真的心（Sono ddoje piezz'e còre，義大利南部方言）。

檸檬酒番紅花奶醬義式冰淇淋
Crema dello stregone

這款食譜是以坎帕尼亞番紅花為基底,並佐以當地廠商所生產的蒸餾番紅花檸檬酒,其酒精濃度為 50%。

材料

- 高品質全脂牛奶 744 克
- 蔗糖 150 克
- 葡萄糖 50 克
- 蛋黃 28 克
- 角豆粉 2 克
- 鹽 1 克
- 貝內文托市的番紅花花蕊 0.2 克
- 番紅花檸檬酒 25 克

除了檸檬酒外,將所有的材料以攝氏 85 度進行巴氏殺菌。接下來將加熱完成的混合材料放進冰箱冷卻至少 12 個小時。

進行乳化攪拌時,再加入檸檬酒。

建議搭配食材
適宜搭配拿坡里鬆軟可口的柑橘米亞裘蛋糕(migliaccio napoletano)。

蘇連托核桃奶醬義式冰淇淋
Crema di noci di Sorrento

除了檸檬外，蘇連托的核桃也很有名，那何不將核桃仁搗成糊狀，製成富含 Omega-3 的核桃醬呢。

材料

- 核桃碎仁醬 100 克
- 高品質全脂牛奶 595 克
- 蔗糖 150 克
- 鮮奶油（脂肪含量 34%）100 克
- 葡萄糖 50 克
- 角豆粉 2 克
- 鹽 2 克
- 關華豆粉 1 克

用研磨機（cutter）或美善品食物料理機將核桃仁攪拌成糊狀。核桃富含大量油脂，因此並不難將其攪拌均勻，為避免攪拌時，核桃原料溫度過高，可在攪拌前，將其放在冷凍庫一夜。

在一小鍋中或美善品食物料理機的幫助下，將除了核桃外所有的材料加熱至攝氏 85 度，再將混合好的材料放進冰箱冷卻。冷卻完成後，將核桃仁倒入，並用手持攪拌機混合均勻。最後放進家用冰淇淋進行乳化攪拌。

建議搭配食材
適合與阿瑪菲的檸檬酒（Limoncello amalfitano）一同搭配。

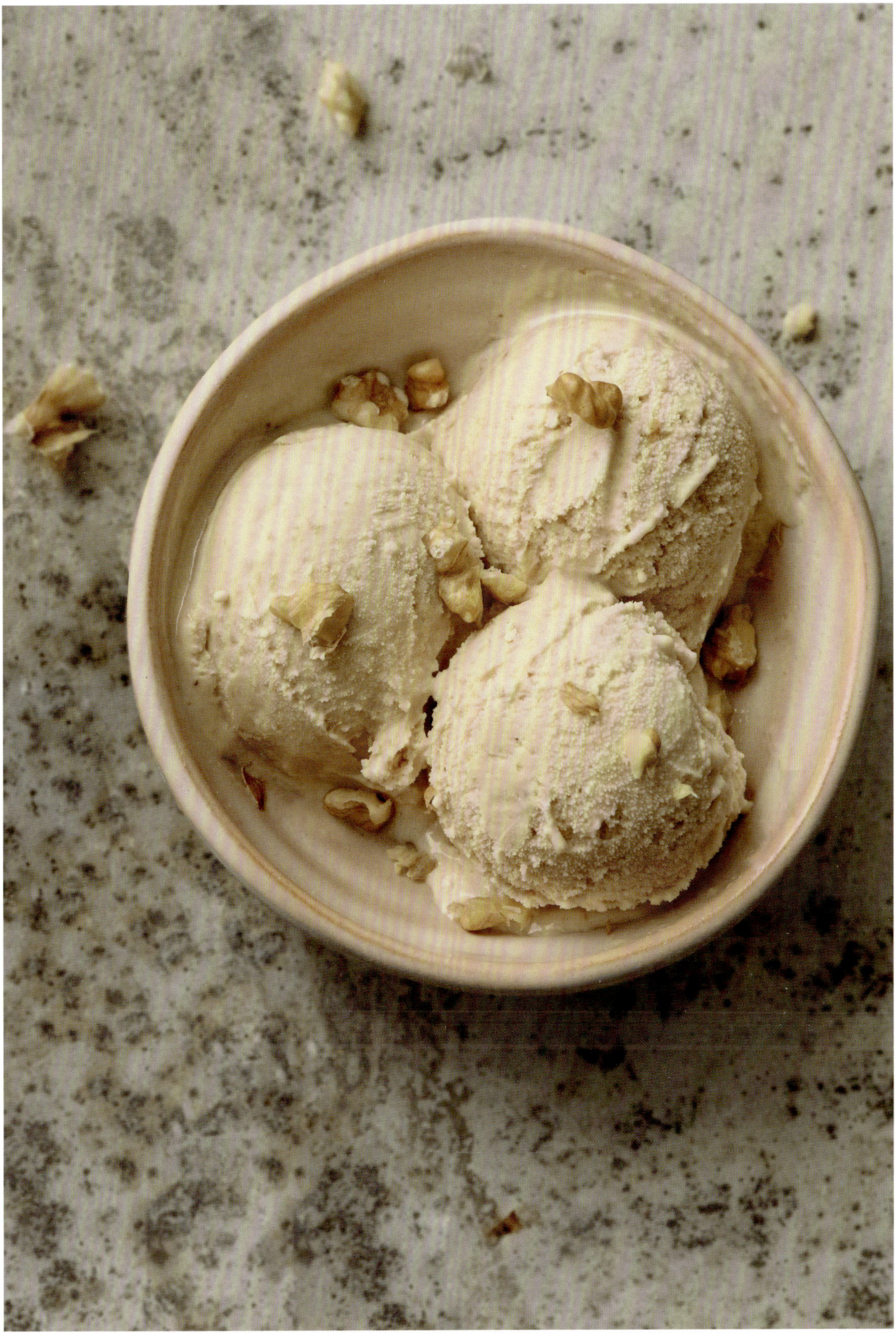

皮耶蒙特大區

法蘭西斯卡・馬拉利
Francesca Marrari

法蘭西斯卡是一位年輕且屢獲殊榮的義式冰淇淋專家，在都靈省（Torino）的奧爾巴薩諾市（Orbassano）一間名叫「Golosia」的冰淇淋店和「Sapido」餐廳工作。她充滿好奇心，十分注重感官體驗，也擅長發揮都靈鄉村特產及薩沃依（savonese）傳統菜餚的特色。

紅芹菜蘋果核桃雪酪

Sorbetto sedano rosso, mele e noci

被列入慢食協會美味方舟珍稀食材清單中的紅芹菜，其所在地正好就是奧爾巴薩諾市（Orbassano），因此法蘭西斯卡決定以此食材製作出特殊風味的雪酪。

材料

- 慢食協會美味方舟珍稀食材奧爾巴薩諾市的紅芹菜 266 克
- 富士蘋果 266 克
- 水 233 克
- 蔗糖 166 克
- 葡萄糖 33 克
- 32 DE 葡萄糖粉 33 克
- 角豆粉 2 克
- 關華豆粉 1 克
- 核桃仁

用果汁機榨取出芹菜汁，再將蘋果洗淨，去皮切塊。

將水、糖和增稠劑置於火上，攪拌加熱至攝氏 65 度製成糖漿。然後把蘋果和芹菜汁倒入混合，加以攪拌並進行乳化攪拌成冰淇淋。

同時把核桃仁切成小塊，當冰淇淋準備上桌時，撒上核桃仁碎作色彩斑紋點綴。

建議搭配食材

適宜搭配一塊皮耶蒙特法索那薄切牛肉（Battuta al coltello di fassona piemontese）。

黃桃餡雪酪
Sorbetto ai persi pien

在皮耶蒙特的方言中,「persi pien」指的是桃子餡,是一種從六月到初秋的甜點,其做法是將桃子切成兩半煮熟後,再將義式杏仁餅(amaretti)和可可「嵌入」桃子中。

材料

- 晚熟黃桃 415 克
- 水 260 克
- 蔗糖 208 克
- 葡萄糖 26 克
- 10–12% 脂肪可可粉 26 克
- 角豆粉 2 克
- 關華豆粉 1 克
- 義式杏仁餅乾 52 克
- 朗姆酒 10 克

黃桃洗淨帶皮切塊。再將水、糖、可可粉和其餘增稠物混合放於火上加熱至攝氏 85 度製成糖漿。

接下來將糖漿、蜜桃及杏仁餅乾加以混合,並放入冰淇淋機進行乳化攪拌,當冰淇淋即將完成時,倒入朗姆酒。

冰淇淋上桌時,可撒上碾碎的杏仁餅乾做裝飾。

建議搭配食材

適宜與一杯卡盧梭風乾甜白酒(Passito di Caluso)或阿斯蒂莫斯卡托白酒(Moscato d'Asti)搭配。

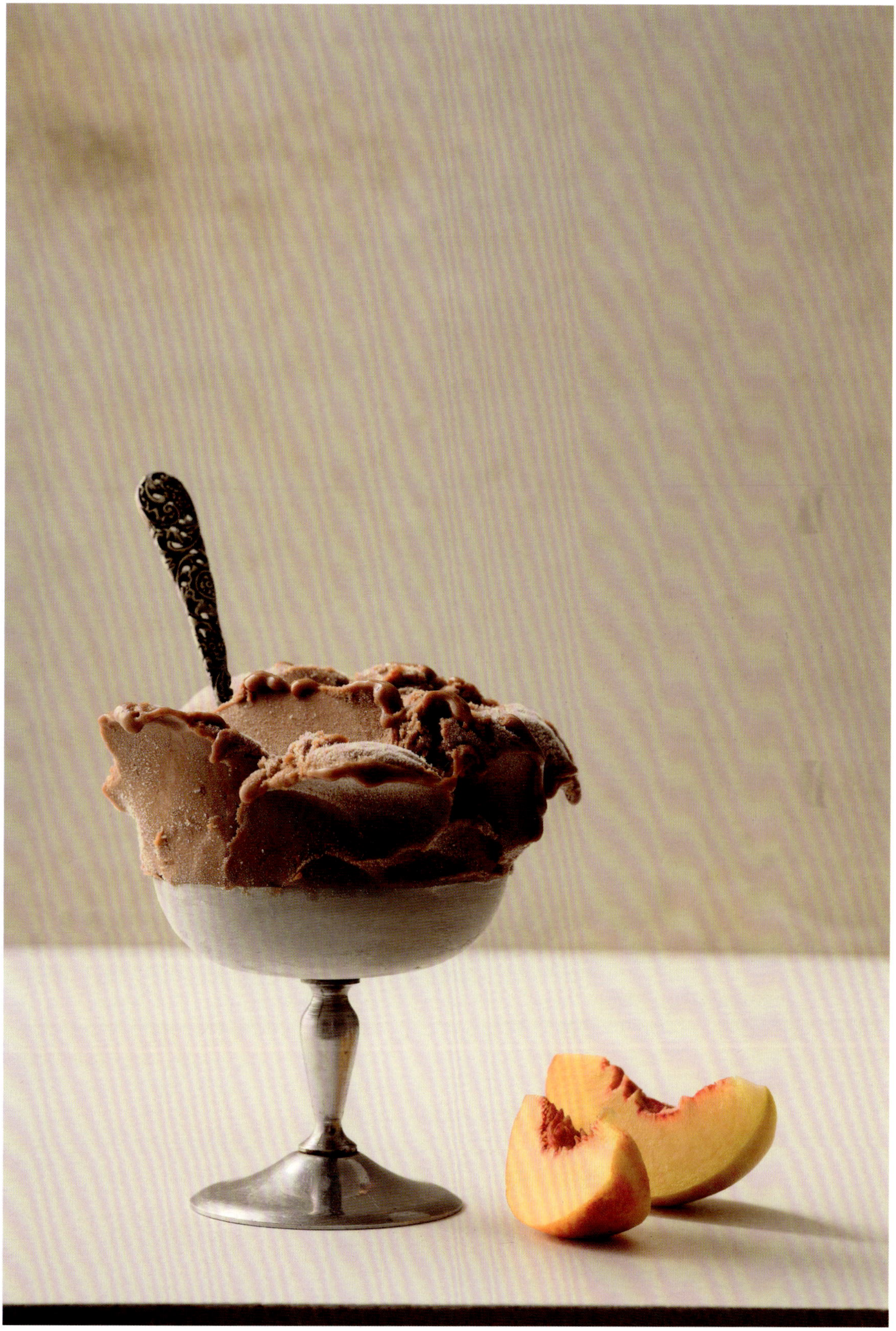

皮耶蒙特大區

艾曼紐・莫內羅與朱利歐・羅奇
Emanuele Monero e Giulio Rocci

莫內羅和羅奇的座右銘是「太棒了！好要再更好……」，這句話也成為了他們位在都靈（Torino）的冰淇淋店名。前者沈穩且深思熟慮，後者則充滿熱情與創意，我曾在不同的場合與這兩位才華洋溢的冰淇淋師傅相談，他們還向我展示了別具一格的原創冰淇淋，就如同他們此次收錄在本書，結合在地風味與季節性的冰淇淋食譜配方一樣。

柿子與糖漬栗子雪酪
Sorbetto cachi e marron glacé

這道食譜的製作步驟相當簡單，為的是將兩種秋天的水果相結合，而令人驚訝的是它們相搭甚宜。

材料

- 柿子 460 克
- 水 390 克
- 黑糖 150 克
- 瀝乾的糖漬栗子
  （Marron glacé sgoccialati）50 克

將柿子冷藏後與水和糖混合攪拌均勻，再放入冰淇淋機。最後進行乳化攪拌時，加入 50 克的瀝乾糖漬栗子碎塊。

建議搭配食材

適合搭配一杯上好的朗姆酒或干邑白蘭地。

都靈之吻義式冰淇淋
Baci da Torino

這款風味獨特的冰淇淋，將這座城市各具代表性的口味融和，就如同一張復古的明信片。有市中心歷史悠久的咖啡館、郊區的巧克力作坊、鄉野間的榛果、環繞皮耶蒙特省市中心群山裡的蘑菇，和城裡餐廳內常見的焦化奶油。發想這道冰淇淋的初衷，是為了將鹹味美食中常見的風味與傳統的冰淇淋口味相結合。

材料

- 全脂牛奶 726 克
- 蔗糖 75 克
- 海藻糖 37 克
- 脫脂奶粉 37 克
- 皮耶蒙特省 IGP 地理標示保護認證榛果醬 18 克
- 澄清奶油 11 克
- 37 DE 葡萄糖粉 10 克
- 葡萄糖 7 克
- 乳清蛋白 7 克
- 鹽 5 克
- 角豆粉 4 克
- 烘焙咖啡豆 10 克
- 焦化奶油 55 克
- 牛肝菌菇乾 7 克

將全脂牛奶、蔗糖、海藻糖、奶粉、榛果醬、澄清奶油、葡萄糖粉、葡萄糖、乳清蛋白、鹽和角豆粉放進一小鍋或美善品食物料理機，混合進行巴氏殺菌。接著加入咖啡豆並冷藏浸泡 24 小時。

在平底鍋中以焦化奶油料理牛肝菌菇。然後將浸泡咖啡豆的混合材料過濾，並同焦化奶油牛肝菌菇混合，攪拌均勻，進行乳化攪拌。

乳化攪拌完成時，加進墨西哥瓊塔爾帕（Chontalpa）的甘納許黑巧克力醬及烘焙咖啡豆碎。

建議搭配食材
適宜搭配榛果蛋糕，或一道饒有趣味的義式手切麵（ajrin）佐帕瑪森乾酪火鍋（fonduta di parmiggiano）與一球可和在盤中的冰淇淋。

製程補充

瓊塔爾帕甘納許黑巧克力醬 Ganache di cioccolato fondente Chontalpa

材料

- 咖啡豆 5 克
- 鮮奶油（脂肪含量 35%）20 克
- 瓊塔爾帕黑巧克力 40 克

將咖啡豆在杵臼中搗磨碎，再放進小鍋中烘烤；當咖啡粉末開始散發香氣時，倒入鮮奶油以吸收其香氣。最後加入巧克力將其融化，並仔細攪拌。冷卻後，慢慢將甘那許巧克力淋於冰淇淋做色彩斑紋點綴。

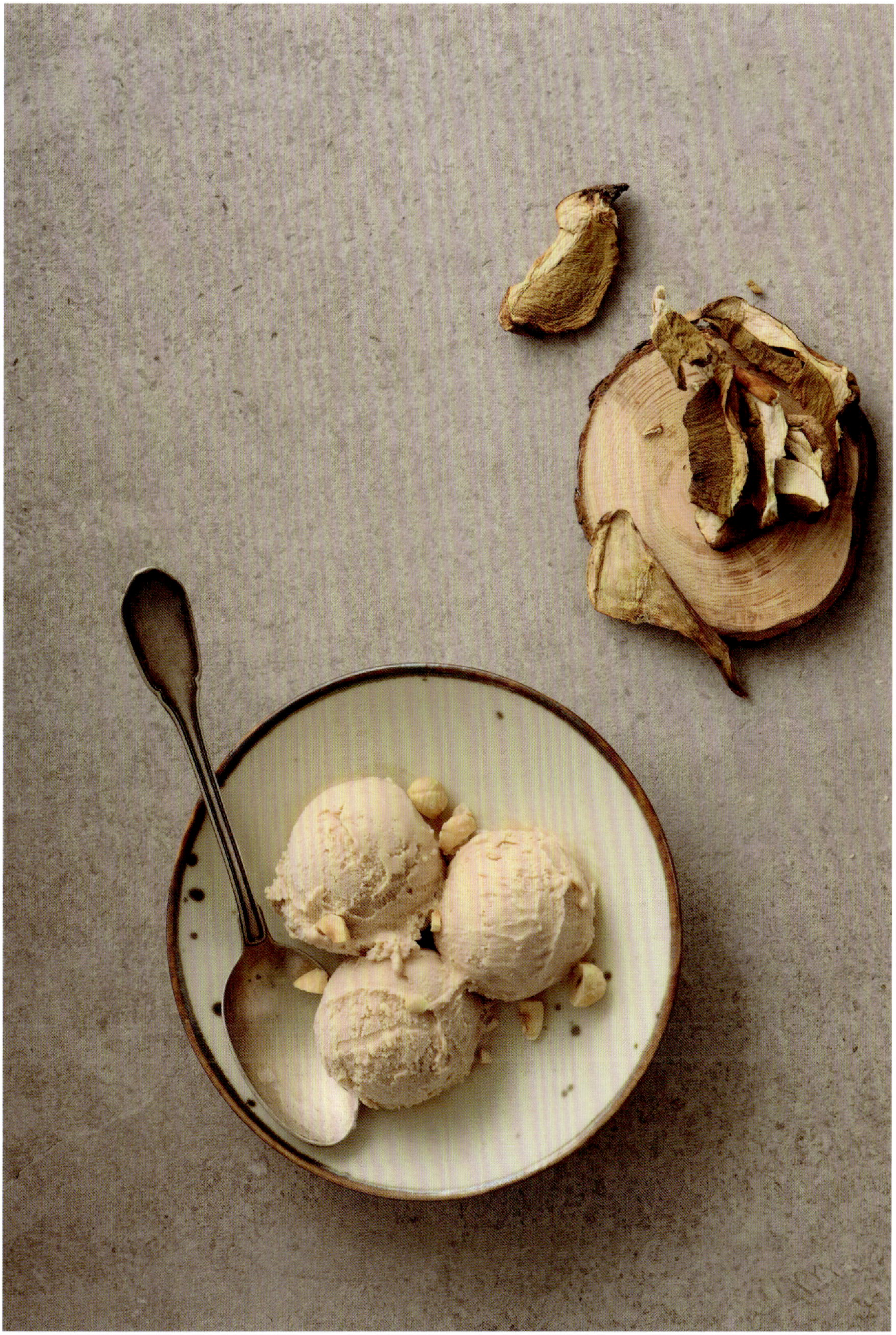

利古利亞大區

盧卡・帕諾左
Luca Pannozzo

盧卡是一位熱衷於尋找在地特產的冰淇淋師傅，經常與當地的慢食協會合作並積極參與、促進家鄉冰淇淋推廣活動。在熱那亞區裡的賽斯特里雷凡特鎮（Sestri Levante）和奇亞瓦里（Chiavari）市鎮，都能找到他的「100% Naturale」冰淇淋店舖。

楊梅雪酪
Sorbetto al corbezzolo

楊梅（corbezzolo）是一種相當可口的漿果，能在利古利亞海岸輕鬆找到，每年約 10 月及 11 月間為成熟期。由於楊梅嬌嫩易腐敗，需於當天採摘，當天加工。

材料

- 楊梅 500 克
- 礦泉水 330 克
- Nostrano 甜菜根糖 150 克
- 玉米澱粉 20 克

楊梅洗乾淨後，將其與部分的水混合並加入糖和玉米澱粉，再將其加熱至攝氏 50 度。

一但達到指定溫度，將加熱完成的混合材料放進家用冰淇淋機進行乳化攪拌。

建議搭配食材
一塊黑巧克力。

利古雷榛果牛奶蜂蜜義式冰淇淋
La ligure

這份義式冰淇淋濃縮了來自利古利亞雷凡特地區的各種原料，包含了列入慢食協會美味方舟珍稀食材的卡巴尼那奶牛（Vacca cabannina）的生乳、奇亞瓦里市（Chiavari）的混合榛果及賽斯特利蜂蜜（miele sestrino）。奇亞瓦里混合榛果的命名，源自分佈於熱那亞市和奇亞瓦里市之間的提古利奧山谷（Valli dei Tigullio）裡的五個榛果品種：塔帕羅納（tapparona）、達爾奧托（dall'orto）、斯雷蓋塔（sreghetta）、比安蓋塔（bianchetta）和德爾羅索（del rosso），以及少量的梅諾亞（menoia）、龍格拉（longhera）和特里埃塔（trietta）。

所使用的糖是唯有義大利生產的 Nostrano 甜菜根原糖。

材料

- 奇亞瓦里混合榛果 110 克
- 卡巴尼那奶牛全脂牛奶 620 克
- Nostrano 甜菜根原糖 120 克
- 葡萄糖 60 克
- 賽斯特利蜂蜜 40 克
- 蛋黃 30 克
- 菊糖 13 克
- 蛋白含量 90% 的乳清蛋白 7 克

將榛果於烤箱中稍微烘烤後，以廚用研磨機將榛果和牛奶搗磨。再將其餘的材料加入，進行巴氏殺菌加熱至攝氏 75 度。

一但溫度達到攝氏 75 度後，立即進行急凍（熱衝擊）乳化攪拌成冰淇淋。

建議搭配食材
適宜搭配一塊以卡巴尼那奶牛的牛奶所製成的乳酪。

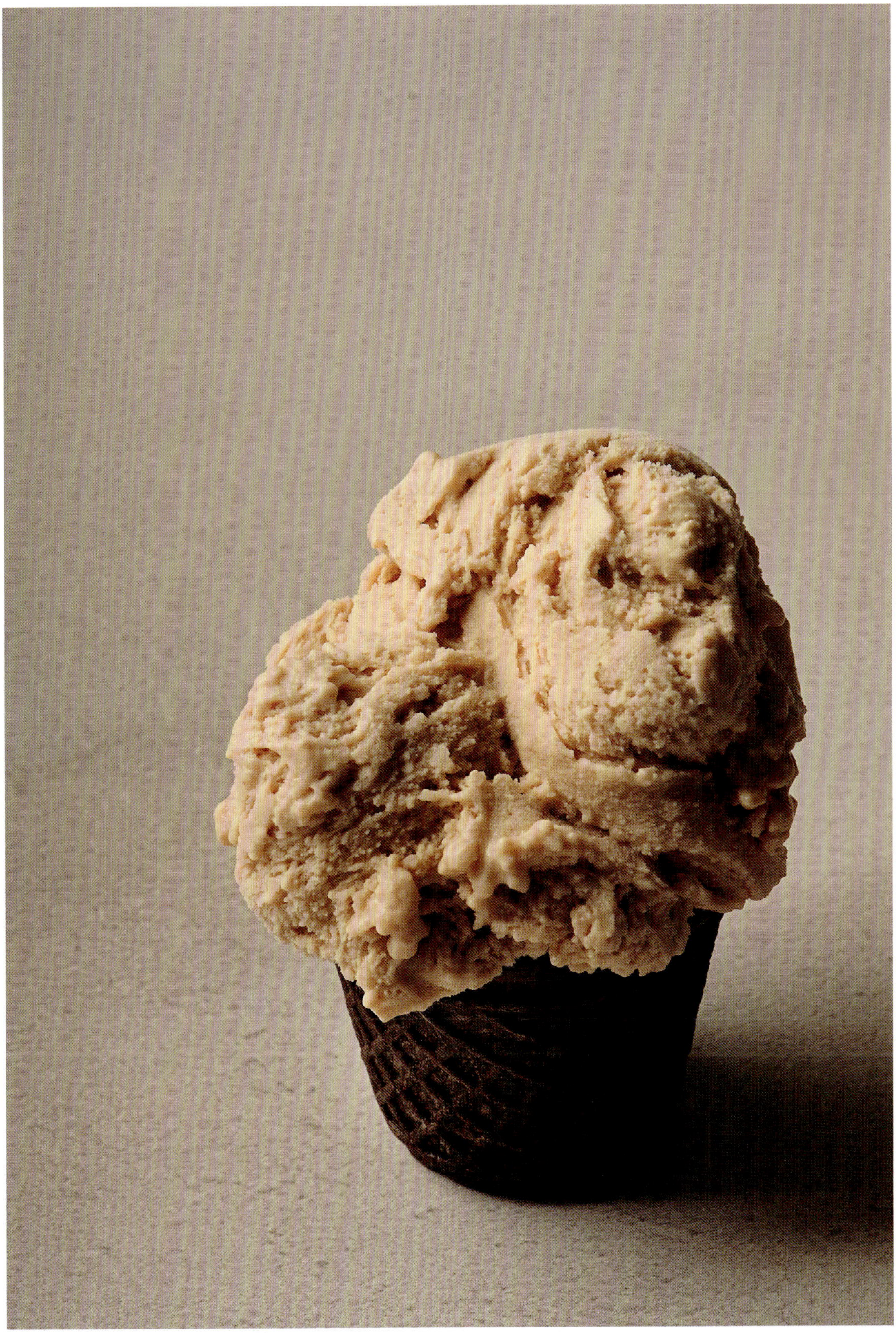

莫利塞大區

伊凡諾・皮耶加利
Ivano Piegari

伊凡諾剛在 2020 年於坎波巴索省（Campobasso）的泰爾莫利市（Termoli）開了一間開放式冰淇淋工作室，自身熱情驅使他不斷學習、做好充分的準備，並在食材的選擇上盡可能提供高品質與透明化的原料，製作出經得起顧客檢視各細節的義式冰淇淋。

皇家沙巴雍義式冰淇淋
Zabaione reale

這道冰淇淋重新詮釋了莫利塞的特色甜點「沙巴雍」，並使用了一些經典的材料，如阿皮雅內莫利塞的莫斯卡托白酒（Moscato del Molise Apianae）——其具有清新濃郁的香氣、橙花與西西里橙花蜂蜜的味道，以及上莫利塞地區的焦糖杏仁（Mandorle pralinate）。

材料

- 全脂牛奶 600 克
- 脫脂奶粉 38 克
- 鮮奶油（脂肪含量 35%）150 克
- 蔗糖 98 克
- 莫利塞的蜂蜜 30 克
- 角豆粉 2 克
- 角豆粉 1 克
- 沙巴雍醬 80 克
- 焦糖杏仁

將所有的材料放進一小鍋或美善品食物料理機，進行巴氏殺菌加熱至攝氏 85 度，再放進冰箱冷卻至攝氏 4 度。

將所需量的沙巴雍醬加入冷卻好的混合材料中，再放進冰淇淋機進行乳化攪拌。當冰淇淋舀出時，撒上焦糖杏仁和剩下的沙巴雍醬。

建議搭配食材
杏仁口味的義式脆餅。

製程補充

沙巴雍醬 Salsa di zabaione

材料

- 蛋黃 200 克
- 蔗糖 125 克
- Majo Norante 的阿皮雅納莫斯卡托白酒 750 克

將莫斯卡托白酒加熱至攝氏 52 度，再將先前打散的蛋黃與糖倒入。

接下來將所有的材料加熱至攝氏 85 度，充分攪拌後，放入冰箱進行冷卻。

初雪義式冰淇淋
Neve

這道冰淇淋起源於過往品嚐初雪佐以熬煮的葡萄果漿的經驗。伊凡諾用當地的羊奶瑞可塔乳酪（Ricotta di pecora）取代雪製成了義式冰淇淋。

材料

- 全脂牛奶 410 克
- 羊奶瑞可塔乳酪 200 克
- 鮮奶油（脂肪含量 35%）170 克
- 蔗糖 143 克
- 脫脂奶粉 38 克
- 38 DE 葡萄糖漿 24 克
- 結晶果糖 10 克
- 中性穩定劑 5 克

將所有的原料進行巴氏殺菌加熱至攝氏 85 度，並放進冰箱冷藏冷卻數小時後，進行乳化攪拌。

冰淇淋上桌時，再淋上丁特利亞濃縮葡萄果漿（Riduzione di mosto cotto di tintilia）。

建議搭配食材
適合與義大利中部城市莫利賽的海鹽佛卡夏搭配。

製程補充

丁特利亞濃縮葡萄果漿 Riduzione di mosto cotto di tintilia

材料

- 鮮榨葡萄果漿 900 克

以慢火燉煮葡萄約 3 小時直到其份量變為最初份量的三分之一。過濾後，再將濃縮葡萄果漿放進冰箱靜置。

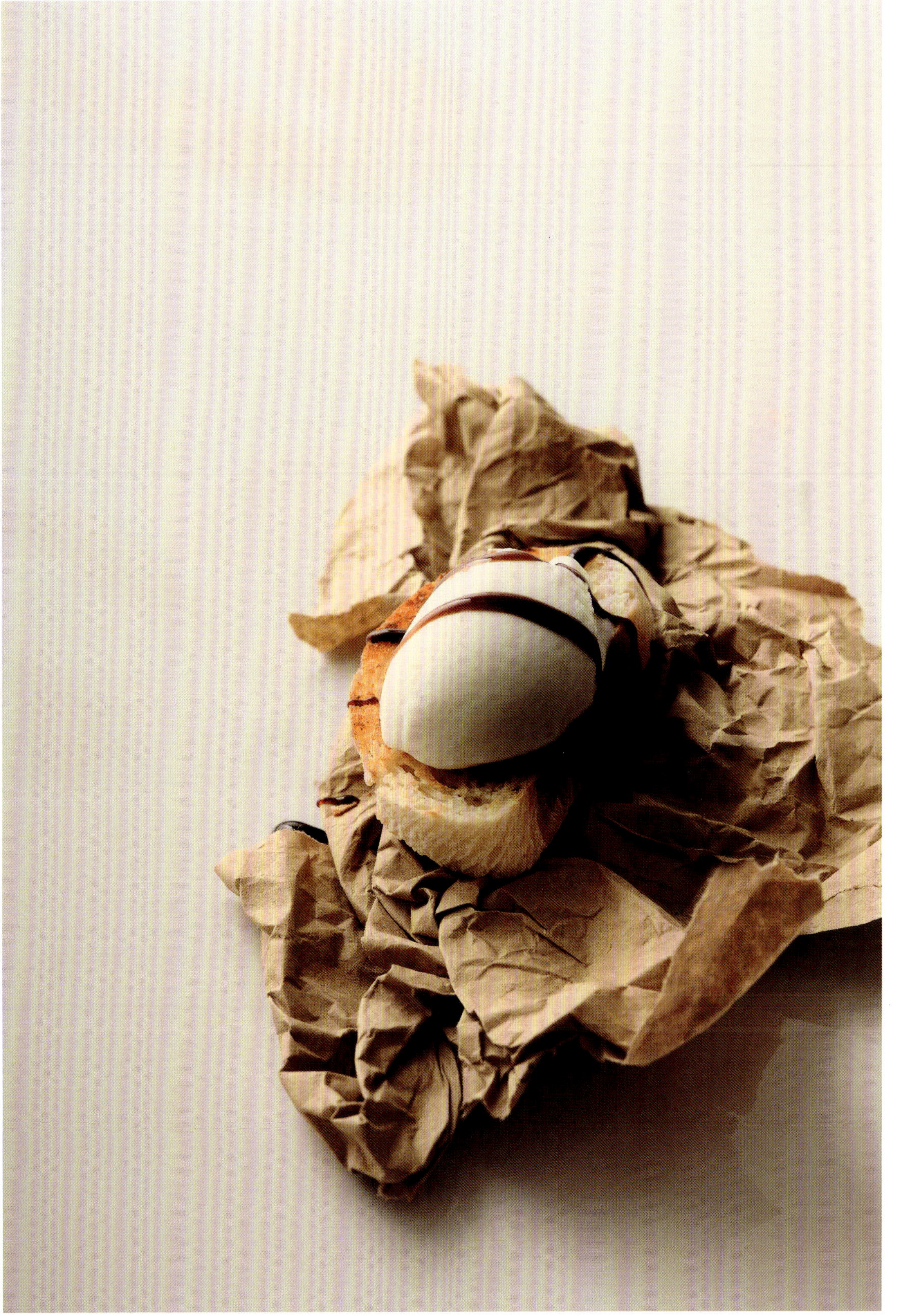

倫巴底雅大區

保羅・波西
Paolo Possi

保羅是第二代義式冰淇淋師傅，他在糕點領域也擁有豐富的經驗，並且持續進修，不斷尋找新的創意。保羅在他位於布雷西亞市（Brescia）的「波西義式冰淇淋工坊」也進行許多的實驗。近期，他還在社群媒體上，發布一些有趣且具創意的作品影片，相當活躍。

卡穆那乳酪義式冰淇淋
Impronta camuna

這款冰淇淋以羅莎卡穆那乳酪（rosa camuna）為基底製成，這種乳酪產自布雷西亞三大山谷之一的卡莫尼卡山谷（Camonica）。這種乳酪色呈象牙白，質地半硬、緊密有彈性，其名源自鐵器時代的一幅岩石壁畫，而山谷中還有數量豐富的其他壁畫。順帶一提，倫巴底雅大區的旗幟上也有這個壁畫的標誌。此外，無花果片（Stracciata di fichi）是源於保羅對於奶奶的回憶，因為她過去經常為保羅準備一種由乳酪和無花果醬做成的點心。

材料

- 羅莎卡穆那乳酪 130 克
- 全脂牛奶 535 克
- 鮮奶油（脂肪含量 35%）80 克
- 異麥芽寡醣 50 克
- 海藻糖 45 克
- 葡萄糖 45 克
- 菊糖 43 克
- 38 DE 葡萄糖糖漿 42 克
- 果糖 23 克
- 角豆粉 2.5 克
- 關華豆粉 2.5 克
- 鹽 2 克

將乳酪切丁後，加入攪拌機內並先以低速攪拌，分次加入少許牛奶。然後再用全速攪拌，並倒入全部的材料。

接下來以攝氏 80 度進行巴氏殺菌加熱，再讓其冷卻。

接著將其乳化攪拌，並放上無花果片作波紋裝飾。

建議搭配食材

「沈思葡萄酒」（Vinum ad Meditandum），由加爾加內葡萄（Garganega）和麝香葡萄（Moscato）於法國橡木桶中釀製而成，是一種適合搭配甜點一同享用的葡萄甜酒。

製程補充

無花果片 Stracciata di fichi

材料

- 成熟的無花果 500 克
- 蔗糖 250 克
- 檸檬汁 30 克
- 水 40 克

將無花果洗淨並切成薄片後，將其放入鍋中，並以小火燉煮。接著一同加入糖、檸檬和水，為了去除鍋邊上的泡沫，請輕輕地攪拌。當溫度達到攝氏 104 度時，離火並放涼。

山丘微風雪酪
Sorbetto Brezza tra le colline

這是一款法蘭切科塔義式氣泡酒雪酪。在塞比諾（Sebino）山丘下眾多的酒窖，我們選擇了莫斯內爾酒莊（Mosnel）的一款乾型法蘭切科塔義式氣泡酒（Brut Franciacorta）。這款酒曾多次獲獎卻鮮為人知：它由生長於向光面為東南向的夏多內（Chardonnay）、白皮諾（Pinot bianco）和黑皮諾（Pinot nero）葡萄所釀造，在葡萄收成後，會於酒窖內進行 24 個月的陳釀，再進行傳統二次發酵後的除渣（sboccatura）過程。

材料

- 水 345 克
- 細砂糖 250 克
- 角豆粉 5 克
- 莫斯內爾乾型義式氣泡酒 400 克

將加了糖和角豆粉的水加熱至攝氏 85 度，待其冷卻倒入葡萄酒，並用打蛋器輕輕的攪拌，再放入冰淇淋進行乳化攪拌。

上桌時，可淋上蜜煮野草莓醬（fragoline di bosco poché）。

建議搭配食材
冰淇淋師傅認為，草莓和氣泡酒，是做為搭配甜點的最佳組合。

製程補充

蜜煮野草莓醬 Fragoline di bosco poché

材料

- 野草莓 320 克
- 水 250 克
- 蔗糖 85 克

將加了糖的水煮沸，當溫度達到攝氏 80 度時，將糖漿淋於草莓再蓋上鍋蓋，置於室溫下冷卻。

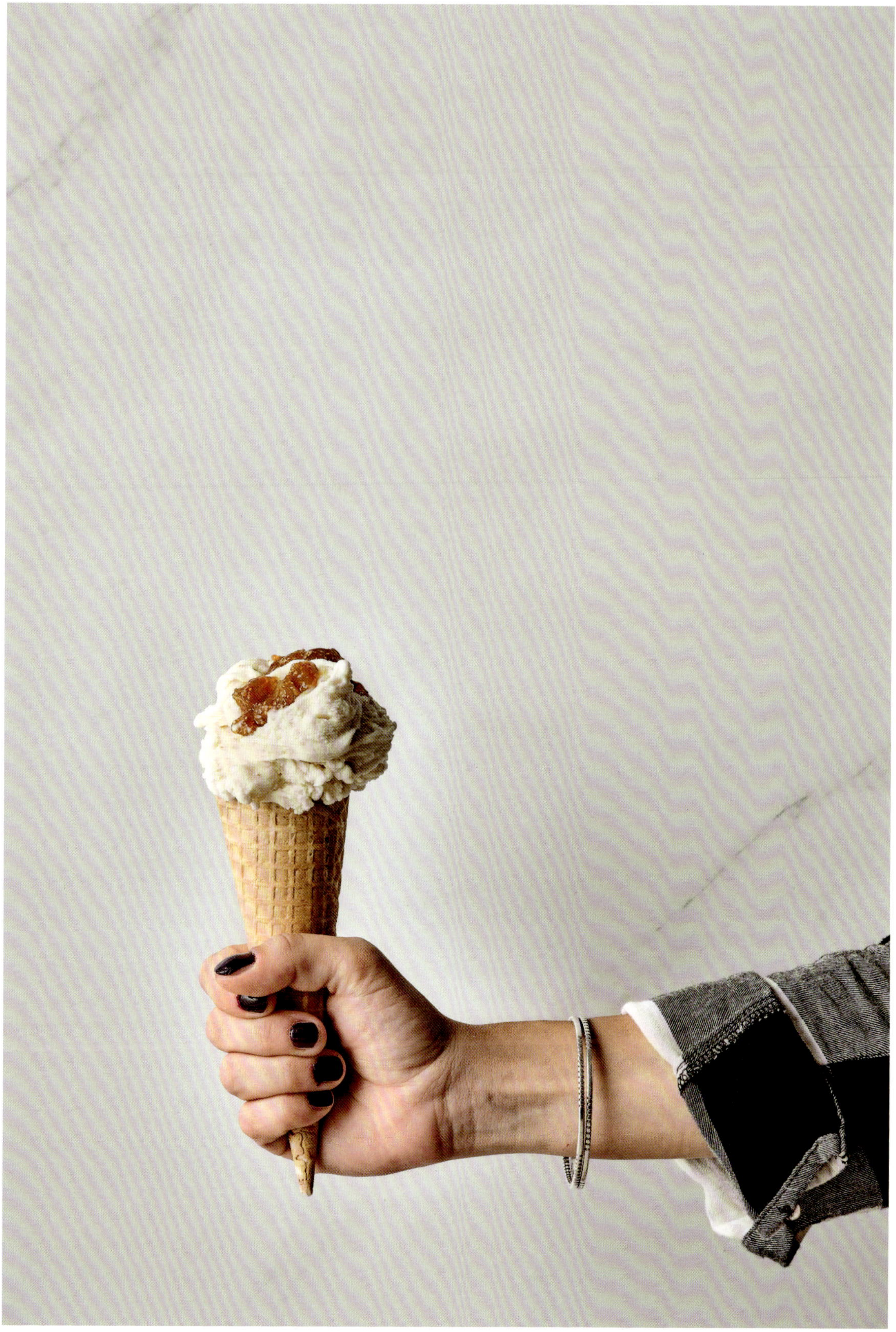

利古利亞大區

希爾維雅・杜蘭緹
Silvia Duranti

希爾維雅是一名糕點師，但對義式冰淇淋卻情有獨鍾。正如她所說，她的目標是為熱那亞省莫內亞市（Moneglia）的顧客提供「好吃的東西」，這也正是她決定為她那俯瞰著海灘的冰淇淋店所取的名字。這片臨著利古利亞海的土地有著極為豐富卻數量稀少的多樣性農業和美食。希爾維亞總是會小心的選擇食材，也正是本著這精神，她在小鎮上得以脫穎而出。

瑞可塔無花果核桃義式冰淇淋
Ricotta, fichi e noci

為了這道義式冰淇淋，希爾維亞選擇了自 1956 年來持續為顧客提供優質乳酪的布魯南托（Brugnato）乳酪工廠的瑞可塔起司，並與美味的核桃仁無花果果醬搭配。這種當地的無花果是在夏末收成。

材料

- 全脂牛奶 400 克
- 脫脂奶粉 20 克
- 鮮奶油（脂肪含量 35%）89 克
- 蔗糖 160 克
- 菊糖 15 克
- 蛋白含量 90% 乳清蛋白 12 克
- 角豆粉 2 克
- α- 環糊精 1 克
- 鹽 1 克

除了瑞可塔乳酪外，將所有的材料進行巴氏殺菌加熱至攝氏 85 度，接著趁混合的材料還是溫熱的狀態下，加進瑞可塔乳酪並馬上攪拌均勻，再進行乳化攪拌成冰淇淋。

冰淇淋上桌時，淋上份量充足的無花果核桃果醬。

建議搭配食材

適合與一小杯五漁村 DOC 法定產區夏切特拉（Sciacchetrà）白酒搭配享用。

製程補充

無花果核桃果醬 Confettura di fichi e noci

材料

- 帶皮無花果 1 公斤
- 蔗糖 140 克
- 葡萄糖 60 克
- 切片的核桃仁 50 克

將無花果與糖一起熬煮直至幾乎成果醬狀，並將核桃仁切成碎塊。待果醬冷卻後，冰淇淋自乳化攪拌完成取出時，可將其作為冰淇淋分層的色彩波紋裝飾。

蘋果捲義式冰淇淋
Strudel di miele

在莫內亞市附近還能找到一些古老且稀有的蘋果品種，像是卡勒蘋果（Carle），在家中就能簡單利用它們作為義式冰淇淋的色彩斑紋裝飾。

材料

- 全脂牛奶 561 克
- 蔗糖 160 克
- 蛋黃 150 克
- 鮮奶油（脂肪含量 35%）70 克
- 脫脂奶粉 57 克
- 角豆粉 1 克
- 鹽 1 克

將所有的材料放入小鍋或廚用料理機中加熱至攝氏 70 度，於該溫度下充分攪拌至少 15 分鐘。

接著將所有的材料攪拌混合後，迅速冷卻，最後將其放入冰淇淋機。完成乳化攪拌自冰淇淋機取出時，淋上蘋果捲醬料裝飾。

建議搭配食材
一塊簡單自製的蛋糕或優格蛋糕。

製程補充

蘋果捲醬 Strudel di mele

材料

- 卡勒蘋果（Mele carle）1 公斤
- 蔗糖 200 克
- 葡萄乾 100 克
- 水 100 克
- 霞凱特葡萄酒（Vino Sciacchetrà）250 克
- 核桃仁
- 松子

將蘋果加糖煮至軟爛，並放進冰箱冷卻。另外，將浸泡過水的葡萄乾與霞凱特拉紅酒和水混合後置於一密封容器，並在冰箱浸泡至少 48 小時。

最後將切碎的核桃和松子加進浸泡好的液態混合材料中，加入的量可根據自己的喜好而定。最好淋於冰淇淋上做裝飾。

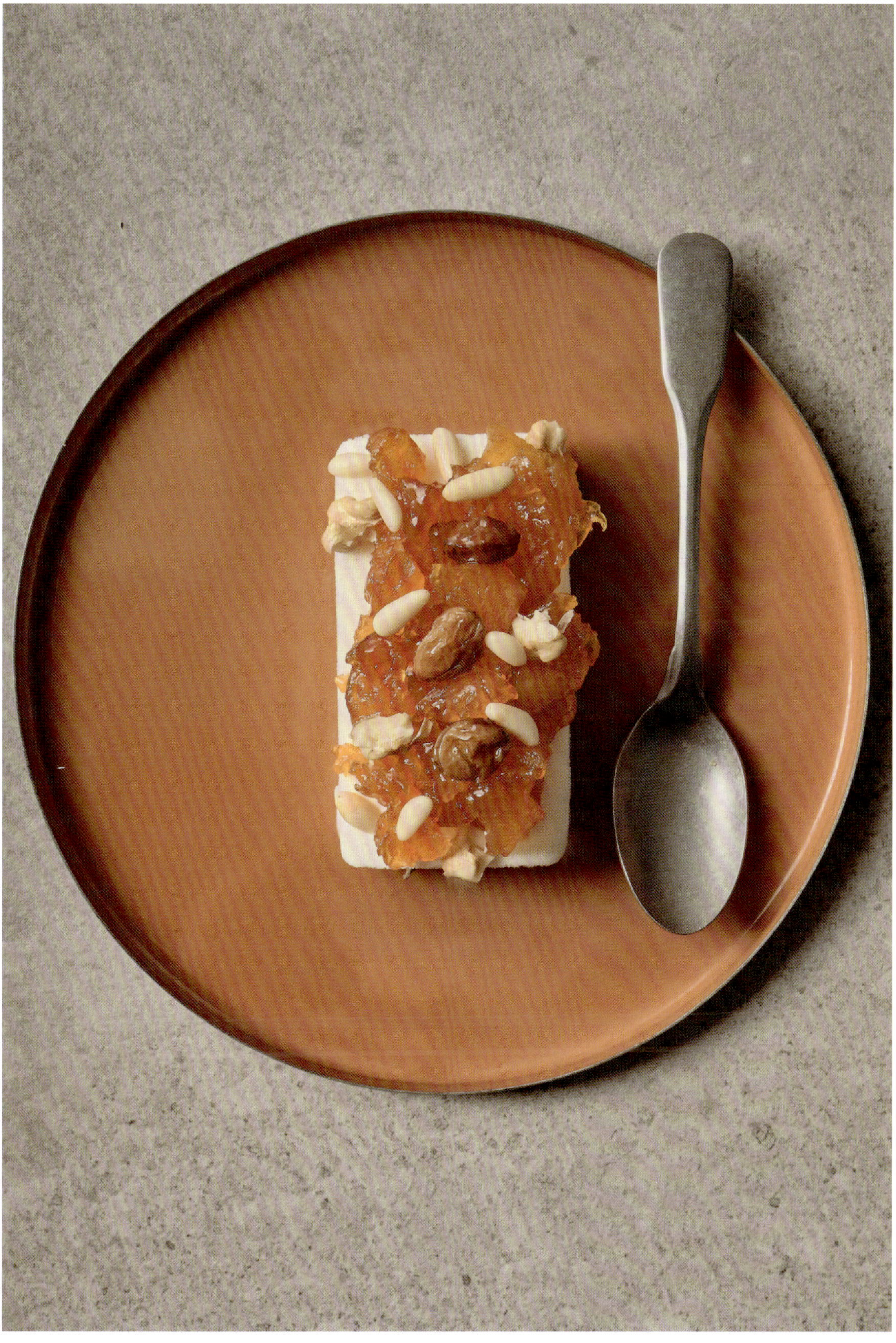

皮耶蒙特大區

安德烈・索班
Andrea Soban

索班三兄弟來自瓦爾迪佐爾多（Val di Zoldo），他們延續家族傳統，接手經營瓦倫札（Valenza）、亞歷山德利亞（Alessandria）和特里埃斯特（Trieste）的幾家義式冰淇淋店。安德烈因其研究和好奇心脫穎而出，還撰寫了一些手冊和食譜書籍。

純素之吻義式冰淇淋
Bacio vegano

這道冰淇淋是以九月新採收的皮耶蒙特榛果所製成，即使不用乳製品，也能做出優質的冰淇淋。

材料

- 皮耶蒙特榛果 57 克
- 水 718 克
- 蔗糖 170 克
- 葡萄糖 34 克
- 可可粉 22-24% 18 克
- 鹽 2 克
- 角豆粉 1 克

使用廚用研磨機將三分之二的榛果研磨成流動的糊狀，將剩下的榛果用肉錘或玻璃瓶底碾碎。

再將其餘的材料放在火上攪拌均勻，讓其近乎煮沸（攝氏88度），以便使可可粉於液態混合材料中分散均勻。

為了使這段操作加快，可事先將可可粉與其他糖類保持乾燥並混合。

加熱完成後，待混合好的材料冷卻，放於冰淇淋機內，一旦冰淇淋製作完成，撒上剩餘的榛果碎。

建議搭配食材
適宜搭配純素蕎麥（grano saraceno）餅乾與受地理保護認證（IGP）的深皮耶蒙特榛果抹醬（一樣不含乳製品）。

苦味冰淇淋
Amaramente

這款冰淇淋帶有苦味和紅色色澤，並添加了咖啡醬做色彩斑紋裝飾。配方的苦味是研發這道食譜的重點之一，藉由各種植物的浸泡液所產生的風味，再現無酒精成分的利口酒口感特徵。甜菜根粉則賦予了冰淇淋誘人的顏色，使人聯想到苦味蒸餾酒。這道冰淇淋主要為了向薩萊諾（Salerno）醫學院偉大的義大利傳統致敬。

材料

- 全脂牛奶 655 克
- 鮮奶油（脂肪含量 35%）150 克
- 蔗糖 84 克
- 海藻糖 45 克
- 葡糖糖 32 克
- 脫脂奶粉 31 克
- 紅甜菜粉 4 克
- 中性穩定劑 3 克
- 用於浸泡的草藥和芳香的根莖

將所有原料混合加熱至攝氏 85 度進行巴氏殺菌，然後趁加熱好的混合材料還溫熱的狀態下，將各種芳香物質浸於其中約 15 分鐘。

接著將浸泡完成的混合液體過濾並放進冰箱冷卻，接下來進行乳化攪拌，並淋上咖啡醬做色彩斑紋裝飾。

用於浸泡的材料
（一公升混合液體的劑量）

- 金雞納樹皮 15 克
- 甘草根 12.5 克
- 白芷根 5 克
- 未經處理的橙皮屑

建議搭配食材

適宜搭配以草本植物和乾型通寧水（tonica secca）為主調的琴通寧酒。

製程補充

咖啡醬 Salsa di caffè

材料

- 瓜地馬拉韋韋特南戈咖啡豆（為慢食協會美味方舟珍稀食材）450 克
- 蔗糖 140 克
- 海藻糖 270 克
- 38 DE 葡萄糖漿 140 克
- 果膠 3 克

將所有的食材混合並加熱至攝氏 85 度後，從火上取下讓其冷卻。

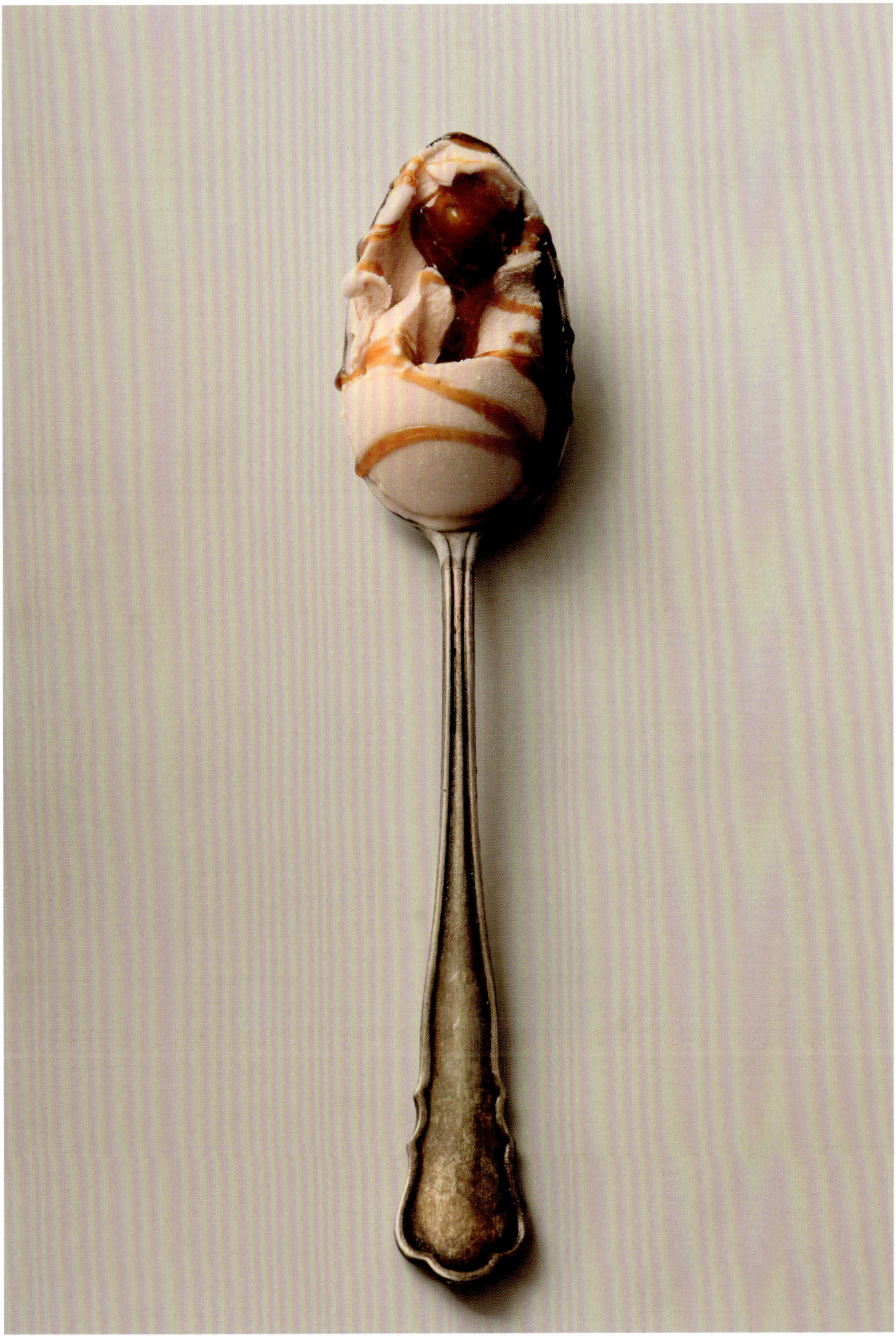

威內托大區

西莫・瓦洛托
Simone Valotto

西莫對義式冰淇淋相當熱愛，這門手藝也幫助他找到了一個適合發揮創意的空間。他喜愛手工藝並與人交流，尤其喜歡年輕的顧客：小孩子。他的好奇心與實驗精神促使他不斷增進自己的技藝，且注重使用健康天然的原料。可以在威斯尼省的諾阿雷鎮（Noale）、瑪爾特拉戈市（Martellago）和米拉市（Mira）發現他的冰淇淋店「Da Simone」。

格拉帕莫拉科乳酪佐發酵西洋梨義式冰淇淋
Morlacco del Grappa e pere fermentate

格拉帕莫拉科乳酪（Morlacco del Grappa）被列入慢食協會美味方舟珍稀食材清單中，這種乳酪是以晚上擠出的脫脂阿爾卑斯高山乳牛牛奶和早上擠出的全脂奶混合製成。它與西洋梨的組合是一種經典搭配，但西莫此次巧妙利用了當地水果發酵所產生的酸度加入冰淇淋中。

材料

- 高品質全脂牛奶 490 克
- 鮮奶油（脂肪含量 35%）65 克
- 蔗糖 60 克
- 海藻糖 60 克
- 38 DE 葡萄糖漿 40 克
- 脫脂奶粉 40 克
- 90% 蛋白含量乳清蛋白粉 11 克
- 角豆粉 2.5 克
- α- 環糊精 1.5 克
- 未熟成的莫拉科乳酪 230 克

在攝氏 82 度的溫度下將所有食材進行巴氏殺菌，但不加入莫拉科乳酪，因其要在攝氏 50 度至攝氏 45 度間的冷卻過程倒入。在這過程中，要讓混和的食材經過充分乳化，直至變得光滑均勻。

接著再進行乳化攪拌，取出冰淇淋時加入發酵好的西洋梨做色彩波紋裝飾。

建議搭配食材
適宜搭配野莓果或百香果。

製程補充

發酵西洋梨色彩波紋裝飾 Variegato di pere fermentate

材料

發酵西洋梨
- 水 321 克
- 麥麩 32 克
- 成熟的西洋梨 642 克
- 月桂葉 1 片
- 鹽 5 克

色彩波紋裝飾
- 發酵好的西洋梨 450 克
- 發酵液 50 克
- 蔗糖 160 克
- 黃原膠 0.5 克

把水煮沸關火後，加入麥麩，再將麥麩水過濾，並讓其冷卻。

接著將洗淨的西洋梨和月桂葉一起放進發酵罐中，倒入水和鹽，此時水量應完全覆蓋西洋梨。

蓋上瓶蓋後，充分搖晃發酵罐使鹽溶解，接下來的 14 天內，每天打開罐子放氣。

達到指定的時間後，將所有食材攪拌在一起，並煮沸至少 10 分鐘。待其冷卻，將作為色彩波紋裝飾的發酵西洋梨醬放進冰箱冷藏最多 72 小時。

水蜜桃洋甘菊酥皮杏仁餅乾義式冰淇淋
Fregolotta con pesca e camomilla

酥皮杏仁餅乾（Fregolotta）是特雷維索區一道經典的甜點，是以麵粉、糖、奶油和杏仁做成，特點是表面鬆脆、內部鬆軟，其名源於威內托方言「fregole」，有碎屑的意思。有點像著名的曼托瓦 Sbrisolona 爆碎杏仁塔。

材料

- 高品質全脂牛奶 547 克
- 鮮奶油（脂肪 35%）250 克
- 蔗糖 200 克
- 角豆粉 3 克
- 酥皮杏仁餅乾碎屑 250 克

將所有食材進行巴氏殺菌加熱至攝氏 85 度，再置於冰箱冷卻至攝氏 4 度，然後放入冰淇淋機內進行乳化攪拌。

當乳化攪拌快完成時，灑下酥皮杏仁餅乾碎屑，最後加入水蜜桃和洋甘菊作色彩波紋裝飾。

建議搭配食材
作為一道完整的甜點，當中亦有蛋糕，因此這款冰淇淋多層次的口味適合單獨享用。

製程補充

水蜜桃洋甘菊色彩波紋 Variegato di pesca e camomilla

材料

- 水 200 克
- 水蜜桃丁 500 克
- 糖 250 克
- 果膠半茶匙
- 檸檬汁

將洋甘菊花瓣放入一杯沸水中，沖泡出濃郁的洋甘菊汁。接著將其過濾，並跟水蜜桃一起煮沸約 20 分鐘。再加入糖、果膠並另外燉煮 20 分鐘。

最後將完全冷卻的水蜜桃洋甘菊淋在冰淇淋上做色彩波紋裝飾。

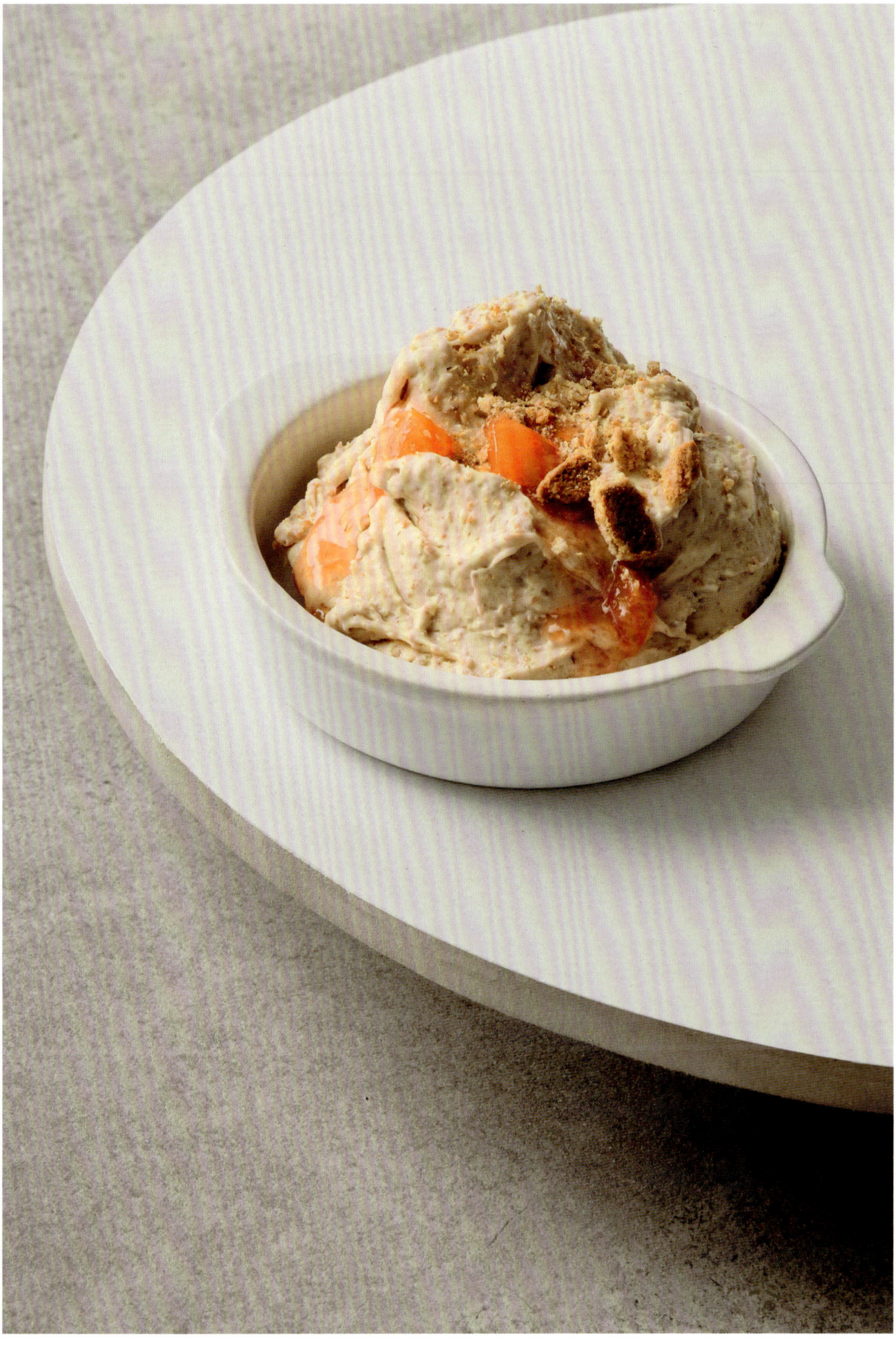

薩丁尼亞島

尼古拉・維利諾
Nicolò Vellino

尼古拉不僅是一名義式冰淇淋師傅，也是一名糕點師和巧克力大師，在義大利和國外工作了數十年，累積了豐富的經驗。2018 年，我於哥倫比亞和其他同事一起進行了一場有關可可的教育旅行，並有幸認識了尼古拉。正如他經常做的那樣，環遊世界使他更為珍視自己土地的特產。如今她在努奧羅省（Nuoro）的馬柯梅爾市（Macomer）的「Dolci Sfizi」冰淇淋店推廣著家鄉特產風味的冰淇淋。

薩丁尼亞白蘭地義式冰淇淋
Filu 'e ferru

薩丁尼亞島以其傳統和多樣的生態而聞名。在薩丁尼亞島最具代表性的產品是一種非常濃烈的烈酒，被稱為「Filu 'e ferru」。其名稱源於薩伏依王朝，當時的政府禁止在家中私自釀造這種蒸餾酒。而當地私釀者為了繼續生產這種酒，他們將容器和蒸餾器材埋於土中，並留有一根鐵絲露出地面，標誌出藏匿的確切位置，以便能找回它們。

材料

- 全脂牛奶 462 克
- 鮮奶油（脂肪含量 35%）192 克
- 蔗糖 103 克
- 脫脂奶粉 36 克
- 菊糖 30 克
- 38 DE 葡萄糖漿 25 克
- 葡萄糖 15 克
- 七號基底粉（無添加劑）5 克
- 關華豆纖維 2 克
- 薩丁尼亞白蘭地（Acquavite filu 'e ferru）30 克
- 薩丁尼亞白蘭地奶油 100 克

將除了薩丁尼亞白蘭地和奶油外的所有材料進行巴氏殺菌，加熱至攝氏 85 度，在進行乳化攪拌的階段時，再倒入薩丁尼亞白蘭地和奶油。

建議搭配食材

適宜與卡穆索鎮附近的梨子（Pera camusina）一同享用，這種梨子是薩丁尼亞島本地的品種，果肉色白且多汁。

製程補充

薩丁尼亞白蘭地淋醬 Crema filu 'e ferru

材料

- 蛋黃 38 克
- 薩丁尼亞白蘭地 37 克
- 蔗糖 36 克
- 葡萄糖 2 克

將所有食材加熱至攝氏 85 度，並充分攪拌，接著放進急速冷凍機或冰箱冷卻至攝氏 4 度。

博洛塔納瑞可塔乳酪番紅花義式冰淇淋
Ricotta e zafferano di Bolotana

薩丁尼亞島上眾多經典的特產中，包含了羊奶瑞可塔乳酪和番紅花。尼古拉選擇將瑞可塔乳酪與努奧羅省博洛塔納鎮（Bolotana）上等的番紅花相結合。

材料

- 全脂牛奶 300 克
- 鮮奶油（脂肪含量 35%）70 克
- 蔗糖 118 克
- 博洛塔納番紅花柱頭 0.125 克
- 羊奶瑞可塔乳酪 300 克
- 含糖煉奶 212 克

將牛奶、鮮奶油和糖倒入深鍋中，加熱至攝氏 85 度。

接著加入番紅花柱頭，並蓋上保鮮膜，放置於攝氏 4 度的冰箱至少 12 小時。

將羊奶瑞可塔乳酪放入量杯壺中，倒入煉乳攪拌至滑順。最後將冷藏好的混合材料一同混合，攪拌均勻並在冰淇淋機中進行乳化攪拌。

建議搭配食材
適合搭配帶有苦味的楊梅樹蜂蜜（Miele di corbezzolo）。

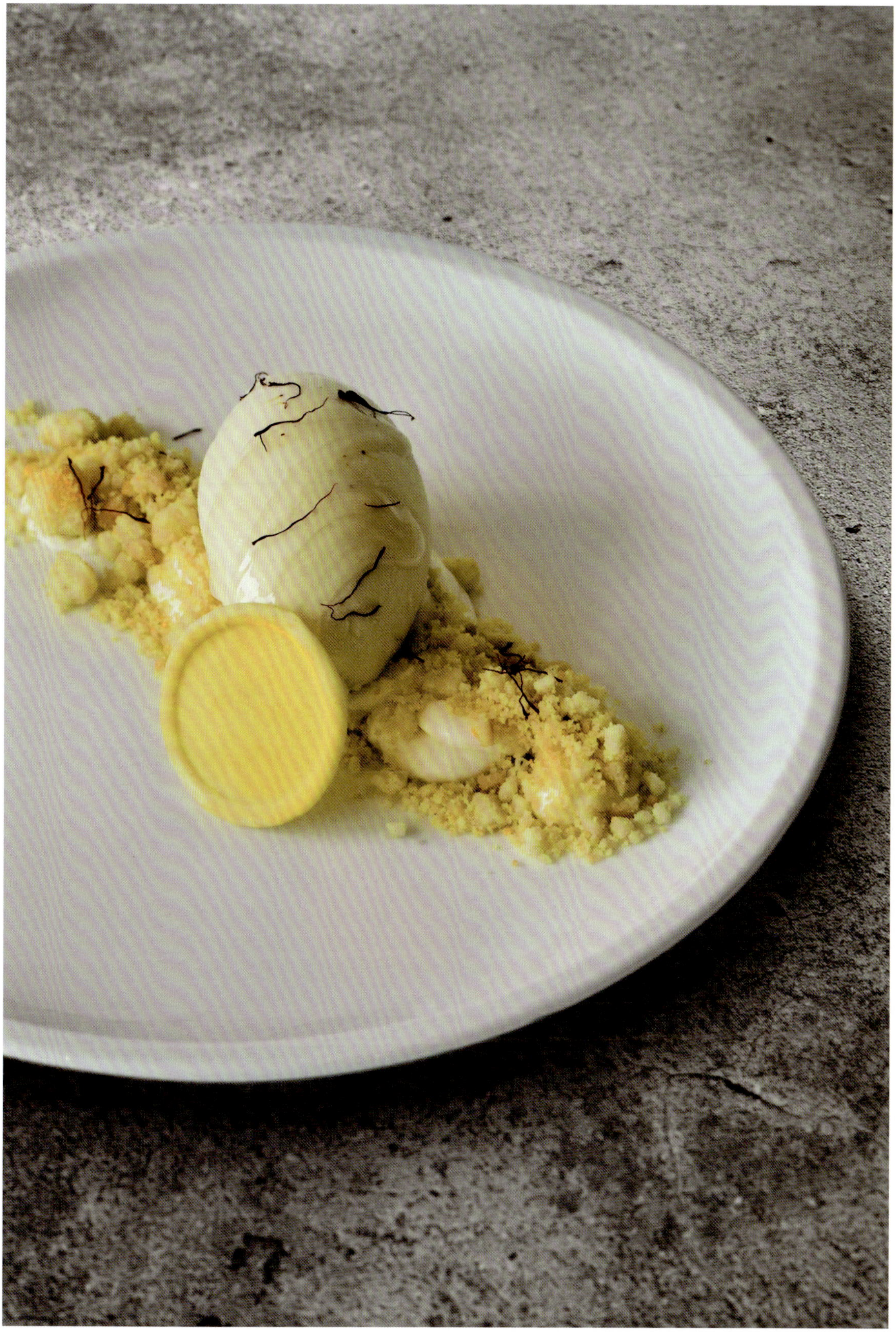

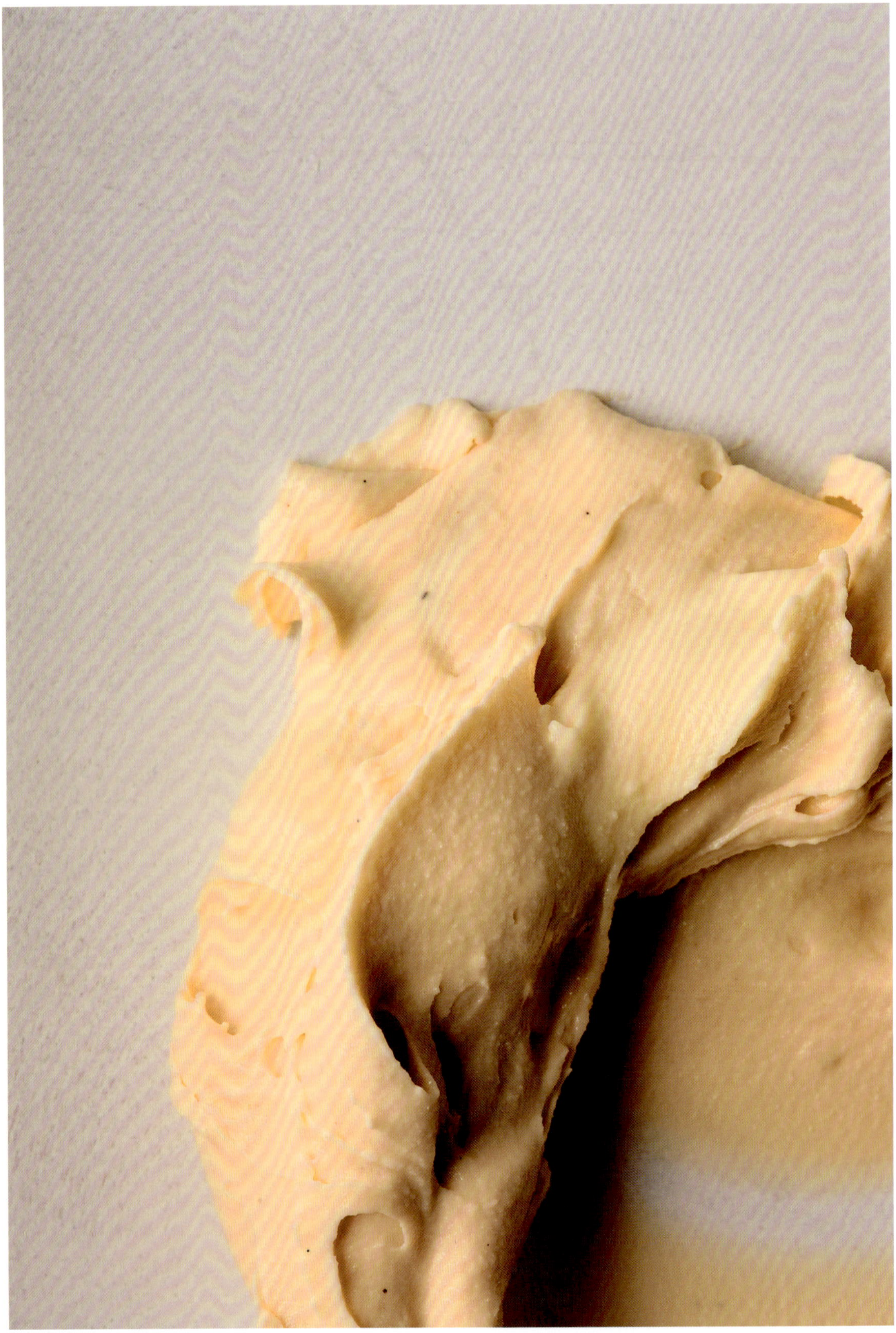

羅伯特・羅柏蘭諾的秋季食譜

巴薩米克酒醋奶醬義式冰淇淋
Crema mantecata all'aceto balsamico

在過去的十多年裡，我搬到了波隆那省的卡薩萊基奧迪雷諾市（Casalecchio di Reno），就在尋找當地最特別的餐廳的第一晚時，我在 Sandro al Navile 餐廳發現了一種手工乳化攪拌成的巴薩米克酒醋奶醬。

這道食譜的做法很簡單，適合在涼爽的秋日夜晚，作為一頓經典的艾米利亞大區晚餐的結尾。

材料

- 全脂牛奶 548 克
- 蔗糖 200 克
- 蛋黃 160 克
- 鮮奶油（脂肪含量 35%）90 克
- 角豆粉 2 克
- 來自莫德納的巴薩米克酒醋適量

將所有的食材（除巴薩米克醋外）倒入一小鍋或美膳品食物料理機加熱攝氏 70 度，再用打蛋器攪拌 15 分鐘，然後放入冰箱冷卻。冷卻完成後，放進冰淇淋機進行乳化攪拌，再置於冷凍庫裡數小時。

上桌時，將做好的奶醬放入碗中，倒入少許的酒醋（添加的量取決於口味的喜好），在刮刀的幫助下，將冰淇淋和酒醋混合攪拌直至滑順均勻。

當質地達到理想的平衡後，將奶醬放進玻璃杯中，與他人一起享用。

建議搭配食材
適合與杏仁乾餅乾（Biscotti secchi alle mandorle）一同搭配食用。

Inverno 冬季

馬爾凱大區

法比歐・布拉丘帝
Fabio Bracciotti

法比歐他的使命是將義式冰淇淋的等級提升至美食品鑑的水準，而過去的學徒之路，也使他的冰淇淋配方與製作技能更加純熟，如今得以製作出如高級料理般的義式冰淇淋。他有兩家冰淇淋店開在聖班內德多得托倫托市（San Benedetto del Tronto），以法文命名為「Crème Glacée」。

我有幸在他的陪伴下，度過了專門針對冰淇淋感官分析訓練的美好一天。當時，我們品嚐了許多馬爾凱沿海地區頂級的魚類料理，最重要的是，我得以將「義式冰淇淋大師」（Gelatieri per il gelato）文化協會的會長一職交棒給他，而他如今也努力地領導協會前進。

水果蜜餞甜麵包義式冰淇淋
Panis picentinus

法比歐十分熱愛研究，此次提出的食譜可以追溯至老普林尼時代（Epoca di Plinio，老普林尼是古羅馬作家，曾任那不勒斯艦隊司令，相傳觀察維蘇威火山噴發時，不幸被火山噴出的毒氣毒死），當時貧民所食用的甜麵包名叫「Panis picentinus」。現今，馬爾凱大區著名的聖誕蛋糕「Frustingo」，便是源自「Panis picentinus」甜麵包。其作法是將硬麵包與果乾和葡萄汁混合。隨著時間推移，也可見到以可可粉、蜜餞、咖啡和其他香料作為「Frustingo」聖誕蛋糕的材料之一。

材料

- 水 477 克
- 濃縮葡萄果漿（saba）80 克
- 可可塊 70 克
- 葡萄糖 55 克
- 可可粉（22/24）50 克
- 蛋黃 45 克
- 聚葡萄糖（Polidestrosio）45 克
- 濃縮咖啡 40 克
- 蔗糖 31 克
- 乳清蛋白 20 克
- 柑橘蜜餞果醬 20 克
- 肉豆蔻粉 3 克
- 角豆粉 2 克
- 肉桂粉 1.5 克
- 朗姆酒 10 克
- 茴香酒（Anisetta）25 克
- Varnelli 茴香酒 25 克
- 無花果乾片（浸泡在水中 24 小時後瀝乾）30 克
- 葡萄乾（浸泡在水中 24 小時後瀝乾）30 克
- 烤核桃仁 15 克
- 烤整顆榛果 15 克
- 烤去殼杏仁 15 克
- 松子（未烤）15 克

將除了利口酒（朗姆酒、茴香酒和 Varnelli 茴香酒）和水果外的所有食材以巴氏殺菌加熱至攝氏 85 度，在乳化攪拌最後幾分鐘倒入利口酒（在保持冷凍的狀態下）和水果。

乳化攪拌結束後，撒上無花果、葡萄乾和其他的果乾做色彩波紋裝飾。

建議搭配食材
適合搭配一杯龍膽苦酒（Amaro alla genziana）。

咖啡茴香酒義式冰淇淋
Caffè di babbo

這道食譜,也可稱為「爸爸的咖啡」,原因是法比歐的爸爸過去很喜歡在喝咖啡時,搭配一杯當地的茴香酒。

材料

- 全脂牛奶 308 克
- 濃縮咖啡 157 克
- 馬斯卡彭奶酪 120 克
- 鮮奶油(脂肪含量 35%)114 克
- 脫脂奶粉 80 克
- 蔗糖 72 克
- 葡萄糖 55 克
- 蛋黃 30 克
- 中性穩定劑 3 克
- 茴香酒(Anisetta)60 克

在一小鍋將除利口酒以外的食材加熱至攝氏 75 度,邊攪拌邊維持相同的溫度約 10 分鐘。接著放進冰箱冷卻 12 小時。

用家用冰淇淋機進行乳化攪拌,當冰淇淋即將完成時,倒入事先在冷凍庫冷藏數小時的利口酒。

建議搭配食材
適合搭配灑了甘草粉的馬卡龍,因為茴香酒能喚醒甘草粉的香氣。

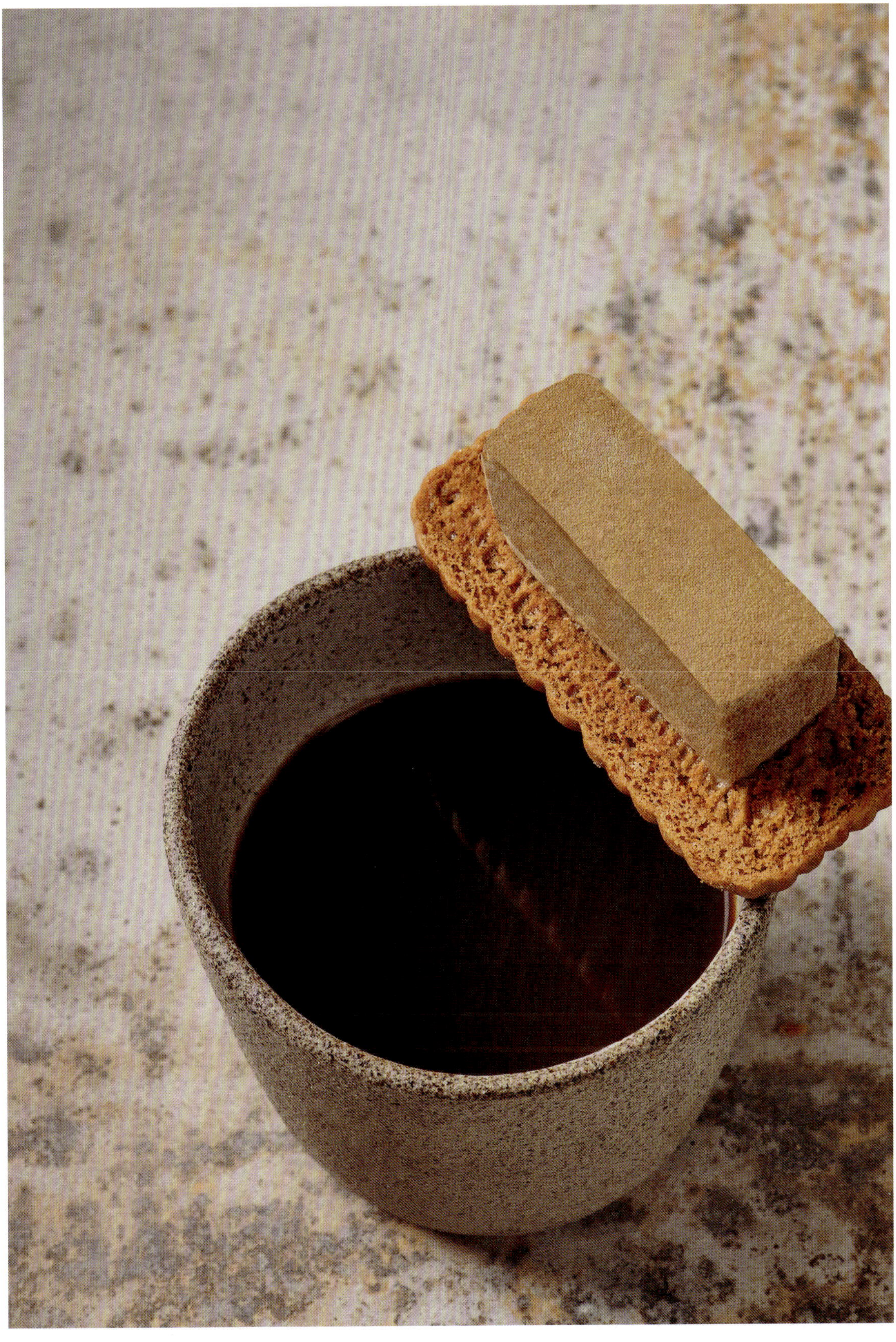

馬爾凱大區

保羅・布魯內利
Paolo Brunelli

　　我是數年前在保羅的家鄉，安科納省（Ancona）前幾屆的阿古利亞諾市（Agugliano）義式冰淇淋節認識他的，他多年來在一處家庭酒吧餐廳工作。除了冰淇淋外，我們還有一個共同的愛好，就是音樂。假使他沒有成功踏上義式冰淇淋的生涯，成為當代冰淇淋界的指標性人物，很可能早已成為一名出色的貝斯手。他將節奏與聲音及形狀相關的感官之旅、色彩和香氣都融入冰淇淋、甜點和巧克力製作中，就像是用味蕾來欣賞、以眼睛來享受樂譜一樣。

路易莎瑞可塔乳酪義式冰淇淋
Ricotta Luisa

這是一道以馬爾凱大區瑞可塔乳酪所製作的義式冰淇淋,帶有淡淡的咖啡和柑橘水果味的香氣,製作起來相當簡單。

材料

- 全脂牛奶(脂肪含量 3.6%)514 克
- 蔗糖 110 克
- 鮮奶油(脂肪含量 36%)80 克
- 葡萄糖 77 克
- 脫脂奶粉 30 克
- 咖啡粉 8 克
- 柑橘皮屑 4 克
- 中性穩定劑 2 克
- 馬爾凱大區的瑞可塔乳酪 175 克

將除了瑞可塔乳酪以外的食材,在一小鍋或美善品食物料理機加熱至攝氏 85 度,攪拌均勻。再放進冰箱冷卻數小時,並與瑞可塔乳酪混合,以手持攪拌機攪拌,最後在冰淇淋機進行乳化攪拌。

建議搭配食材
適合搭配單品冰釀咖啡。

薑餅義式冰淇淋
Pan di zenzero

這道食譜的原創性不在於獨特的材料組合或繁瑣的製作過程，而是味道的平衡。坎蒂亞諾酸櫻桃（visciola di Cantiano）的顏色和酸度用於冰淇淋色彩波紋裝飾時，絕對能帶來出人意表的味覺感官享受。

材料

- 全脂牛奶（脂肪含量 3.6%）533 克
- 蛋黃 150 克
- 奶油 92 克
- 糖粉 165 克
- 葡萄糖 46 克
- 薑汁（自果汁機榨取）10 克
- 香草莢 1 克
- 細鹽 1 克
- 中性穩定劑 2 克
- 薑餅 50 克
- 坎蒂亞諾酸櫻桃（visciole di Cantiano）50 克

將牛奶、奶油和蛋黃進行巴氏殺菌加熱，當溫度達到約攝氏 40 度，加入糖粉、葡萄糖、薑汁和中性穩定劑，攪拌均勻。當巴氏殺菌加熱至攝氏 85 度時，便可開始進行乳化攪拌。

享用冰淇淋前，撒上薑餅屑和酸櫻桃。為了保持薑餅的鬆脆度，可在餅乾中加入黑巧克力，澆在冰淇淋上做裝飾。

建議搭配食材
適宜搭配維蒂奇諾風乾甜葡萄酒（Verdicchio passito）。

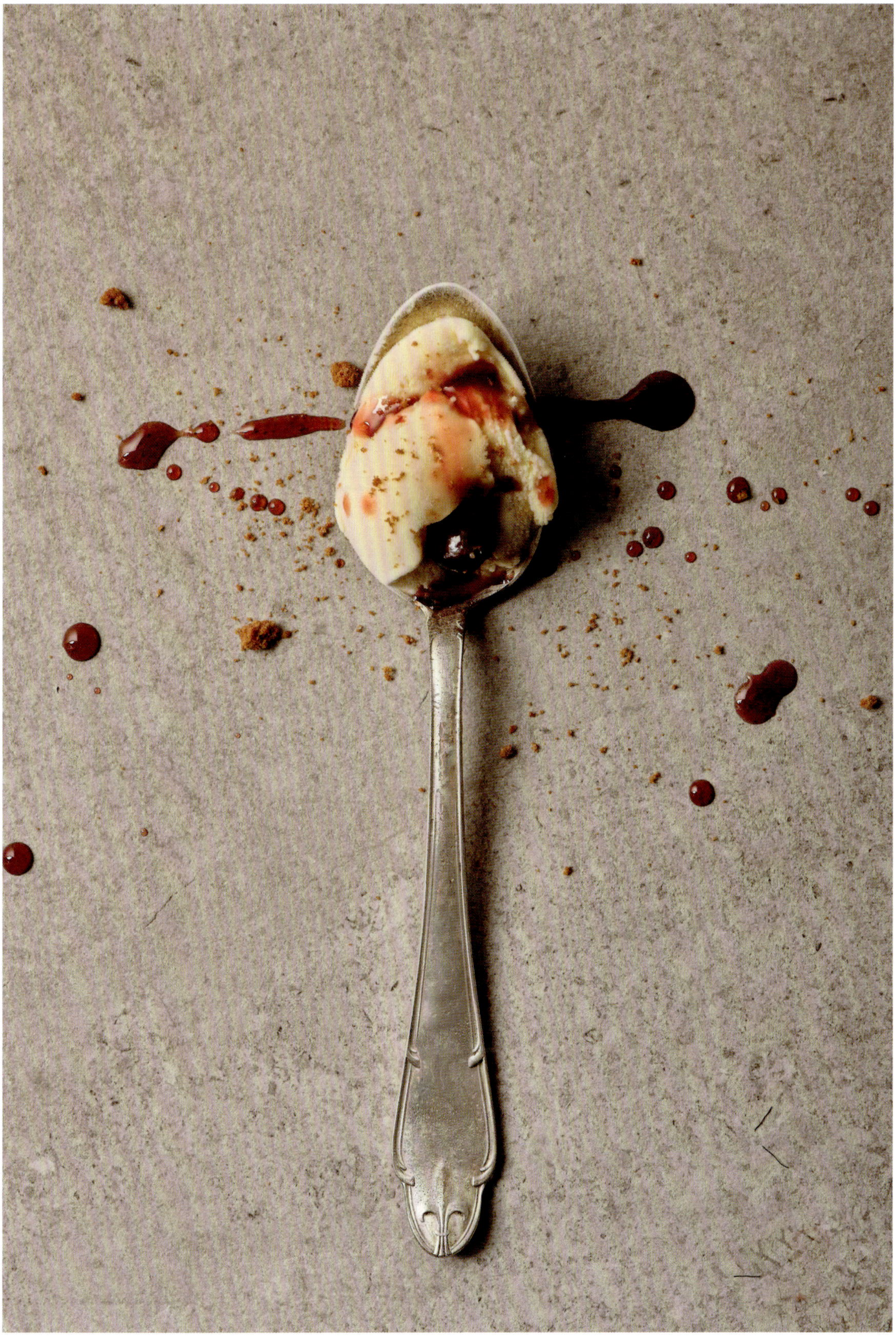

西西里島

安東尼奧・卡帕多尼亞
Antonio Cappadonia

我還記得第一次見到安東尼奧的場景，是在隆加羅內市（Longarone）義式冰淇淋展覽會的走廊上，大概是 2008 年，他熱情地向我介紹他在西西里島切法盧鎮籌備的義式冰淇淋競賽「Sherbeth festival」。我還記得他挺和藹可親，每次談到冰淇淋時，他的眼精總是炯炯有神，而眼裡的光芒至今仍在閃耀。他在西西里島的首都巴勒莫（Palermo）共有兩家店。我們不僅合作過一個專案，除了那場我有幸擔任評審的義式冰淇淋競賽外，我們還一起創辦了「GxG 促進會」，後來發展成現在的「義式冰淇淋師傅文化協會」（Associazione culturale Gelatieri per il gelato）。不過，最令人興奮的還是品嚐他利用果園裡所採摘的檸檬，一時興起製作成的冰沙。

他對在地的農產品相當注重，因此我一點都不驚訝，他想推廣巴勒莫郊區的小鎮——切爾達（Cerda）——有名且獨一無二的朝鮮薊。

攝影：普奇・史嘉佛地（Pucci Scafidi）

切爾達朝鮮薊柑橘義式冰淇淋
Carciofo spinoso e agrumi di Cerda

切爾達是特殊品種的朝鮮薊（Carciofo spinoso）產地，安東尼奧打算將其與在朝鮮薊生長地附近的田裡所採摘的柑橘水果相結合。

材料

- 水 470 克
- 蔗糖 160 克
- 葡萄糖 53 克
- 19 DE 麥芽糊精 53 克
- 38 DE 葡萄糖漿 29 克
- 中性穩定劑 5 克
- 朝鮮薊和柑橘類果汁（檸檬和柳橙）230 克

將蔗糖、葡萄糖、麥芽糊精、葡萄糖漿和中性穩定劑（事先將固態的材料乾燥混合好）倒入水中製成糖漿。並在小鍋中，將混合好的食材加熱至攝氏 85 度，並放進冰箱冷卻至攝氏 4 度。

將檸檬和柑橘榨出果汁，再將朝鮮薊切成四瓣後，放進果汁機裡榨取出汁液。接著將朝鮮薊汁倒進檸檬柑橘汁裡以避免氧化。

然後將朝鮮薊和柑橘的混合果汁倒進一開始就準備好的糖漿，並用打蛋器或手持攪拌機混合，再靜置幾分鐘，最後便可進行乳化攪拌。

建議搭配食材
適宜搭配百里香鱈魚排。

加古利晚熟柑橘雪酪
Sorbetto al mandarino tardivo di Ciaculli

在西西里溫暖的冬季,有機會採摘到晚熟的加古利柑橘(慢食協會美味方舟珍稀食材),並享用步驟簡單且精緻的晚熟柑橘雪酪。

材料

- 晚熟加古利柑橘汁 600 克
- 水 165 克
- 蔗糖 140 克
- 葡萄糖 40 克
- 角豆粉 5 克

將柑橘洗乾淨、榨取出果汁後,將果汁加入水中。

將其他材料乾燥混合,並倒進剛剛加了水的果汁,用打蛋器攪拌均勻。靜置幾分鐘後進行乳化攪拌。

建議搭配食材
適合搭配一盤佐以 Mozia 的晶鹽(cristalli di sale di Mozia)和 Biancolilla 特級初榨橄欖油的紅蝦刺身沙拉(crudité di gambero rosso)。

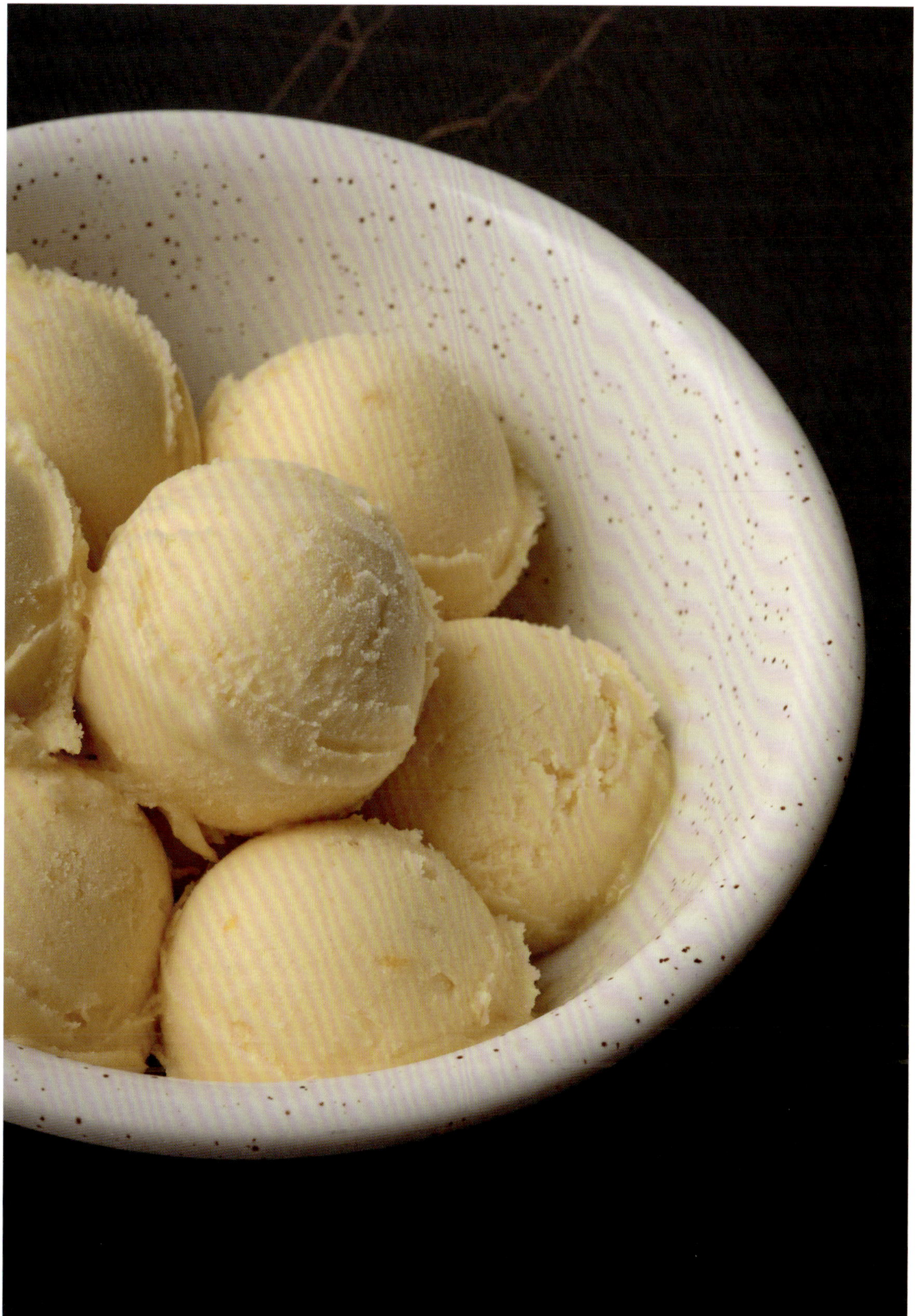

恩布里亞大區

馬特奧・卡爾羅尼
Matteo Carloni

馬特奧繼承了家族的傳統，但在作為冰淇淋師傅的關鍵生涯階段，他決定為他在佩魯賈（Perugia）的冰淇淋店舖做點改變，使其更具個人特色，現在名為「Carloni 1989」。我們相識多年，我曾是卡爾皮賈尼義式冰淇淋大學（Carpigiani gelato University）的教師，而他是我眾多的學生之一。如今，他已成為一名授課教師，同時進行研究和實驗，並不間斷地學習，畢竟在這個行業，學無止境。

聖康斯坦左水果乾蛋糕義式冰淇淋
Torcolo di san Costanzo

聖康斯坦左（San Costanzo）是佩魯賈的守護神，而「Torcolo」是佩魯賈當地的甜點，通常在每年 1 月 29 日的聖康斯坦左節吃得到。它是一種不會過甜的甜甜圈（ciambella），類似於內含葡萄乾、松子、茴香籽和糖漬檸檬皮的麵包。而冰淇淋的作法是在奶油中加入少許的蛋黃，並添入以上所有配料。

材料

- 全脂牛奶 516 克
- 鮮奶油（脂肪含量 35%）170 克
- 蔗糖 126 克
- 蛋黃 70 克
- 脫脂奶粉 46 克
- 38 DE 葡萄糖漿 37 克
- 蜂蜜 30 克
- 中性穩定劑 5 克
- 茴香葡萄乾 50 克
- 糖漬枸櫞（Cedro candito）20 克
- 焦糖松子

將牛奶、鮮奶油、蔗糖、蛋黃、奶粉、葡萄糖漿、蜂蜜和中性穩定劑在攝氏 65 度下進行巴氏殺菌加熱 30 分鐘，或於攝氏 75 度加熱 15 分鐘。

加熱完成後，倒入經過充分擰乾的茴香葡萄乾和糖漬枸櫞，並攪拌均勻、進行乳化攪拌。冰淇淋取出後，撒上少量的葡萄乾、糖漬枸櫞、和焦糖松子。

建議搭配食材

安東尼世家的馬夫托薩拉白葡萄酒（muffato della Sala di Antinori）。

製程補充

焦糖松子 Pinoli caramellati

材料

- 松子 250 克
- 蔗糖 200 克
- 裹松子用的蔗糖 500 克

在不加水的情況下加熱蔗糖，當溫度達到攝氏 165 度，加入事先熱過的松子，以攪拌的方式讓松子裹上一層焦糖。

將裹上焦糖的松子倒進大量的蔗糖裡，並用手將松子碎開，使松子能趁熱沾上蔗糖，這樣松子冷卻後就不會黏在一起。

茴香葡萄乾 Uvetta all'anice

材料

- 葡萄乾 250 克
- 茴香酒 500 克

將葡萄乾浸泡茴香酒六至十天，使用這些葡萄乾時，得將它們好好擰乾。

柿子雪酪
Sorbetto ai cachi

這份雪酪食譜相當簡單，特別之處在於佐以少許肉桂和香草增添風味。

材料

- 水 325 克
- 蔗糖 150 克
- 柑橘或相思樹蜂蜜 25 克
- 馬鈴薯粉 3 克
- 肉桂棒
- 半截香草豆莢
- 無籽柿子果肉 500 克

將蜂蜜、馬鈴薯粉、糖溶於熱水中，接著放入小根的肉桂和香草豆。

加熱完成後，將混合好的材料過濾並冷卻，接著加進柿子肉，攪拌均勻，再用家用冰淇淋機進行乳化攪拌。

建議搭配食材
適合搭配蘋果蛋糕或烤奶油蛋糕。

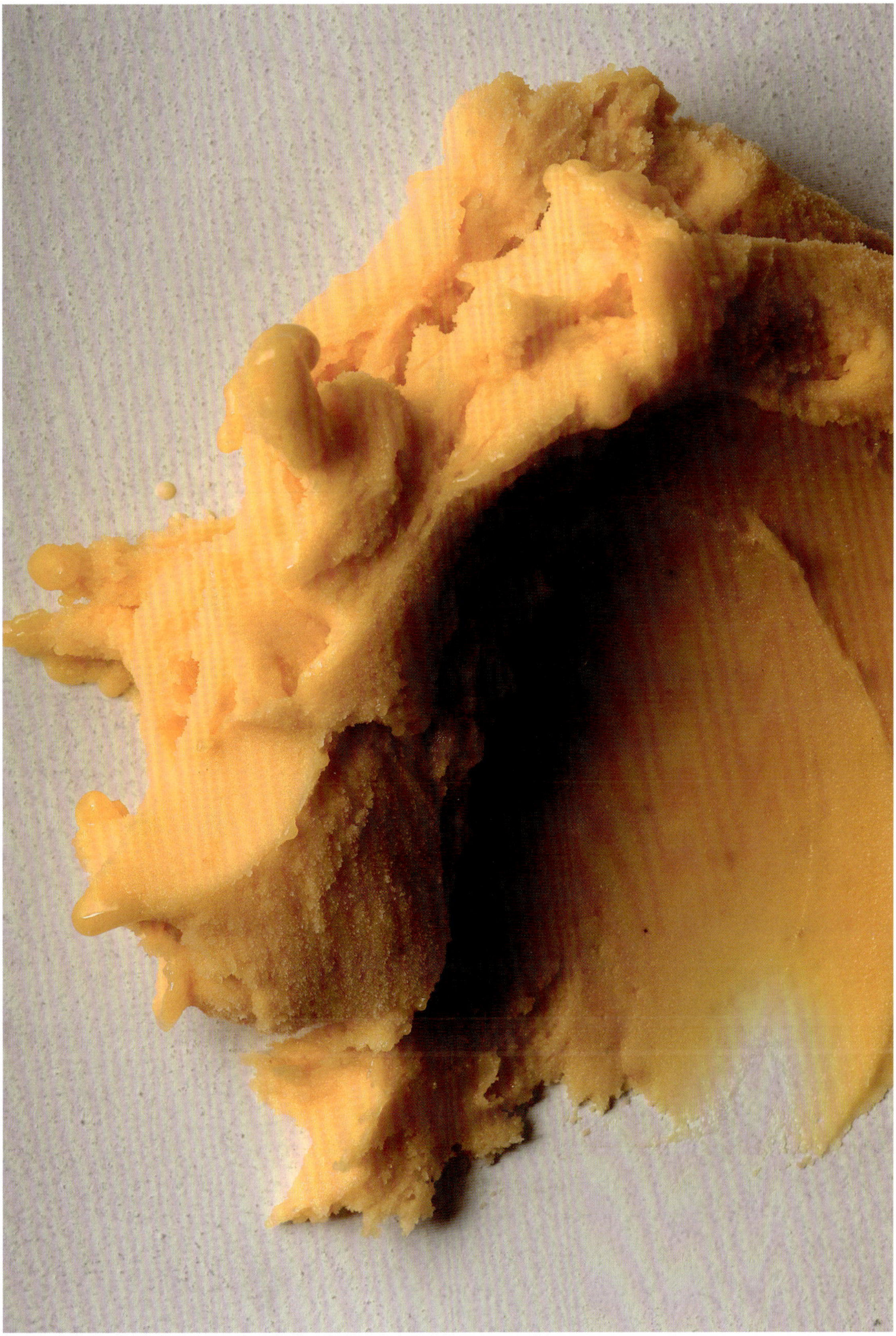

威尼托大區

阿爾南多・孔佛多
Arnaldo Conforto

阿爾南多是我見過學識最淵博的義式冰淇淋師傅，他可說是義式冰淇淋的科學與文化根源，但他最大的優點是對後輩的傾囊相授與謙遜的品格。自從我在他與其他大師所創立的「義大利冰淇淋大師協會」（il Maestri della gelateria italiana）擔任教師以來，我們已經認識多年。他同時也是義式冰淇淋大師文化協會（Gelatieri per il gelato）的推廣者，而我對他的尊敬，隨時間與日俱增。我感到相當驕傲能將他視為我最珍貴且真誠的朋友。

維洛納黃金聖誕麵包義式冰淇淋
Pandoro di Verona

這是阿爾南多最具技巧性的冰淇淋口味，儘管製作方式簡單，實際上是對一道經典傳統甜點的品質認證，它便是阿爾南多的家鄉乃至整個義大利聖誕節時的國民美食。在他的食譜中，他以黃金聖誕麵包（Pandoro）作為冰淇淋主要結構和特色。

材料
- 全脂牛奶 445 克
- 鮮奶油（脂肪含量 35%）125 克
- 蔗糖 90 克
- 蛋黃 55 克
- 脫脂奶粉 42 克
- 19 DE 麥芽糊精 20 克
- 葡萄糖 20 克
- 中性穩定劑 3 克
- 黃金聖誕麵包（Pandoro）200 克

將除了黃金聖誕麵包以外的食材進行巴氏殺菌加熱至攝氏85度，待混合好的材料冷卻，將聖誕麵包切成塊狀倒入，簡單攪拌後，即可進行乳化攪拌。

建議搭配食材
適宜搭配一杯瓦爾波利塞拉甜酒（Recioto Della Valpolicella）。

糖煮蘋果雪酪
Pomicotti

這是一道製作上非常簡單的雪酪，只需家中常見的四種材料即可。然而，儘管食材簡單，卻需要深厚的食材和化學反應相關知識。

材料

- 蔗糖 200 克
- 玉米粉 5 克
- 帶皮蘋果 750 克
- 檸檬汁 45 克
- 水

將糖和玉米粉混合後，灑在蘋果上，並淋上檸檬汁，放進烤箱。一但蘋果烤熟後，加水讓蘋果恢復至最初的重量。

攪拌均勻後，放進冰箱冷卻，再進行乳化攪拌。

建議搭配食材
適合搭配被列為慢食協會美味方舟珍稀食材的一片馬爾加維洛納山區乳酪（formaggio monte veronese di malga）。

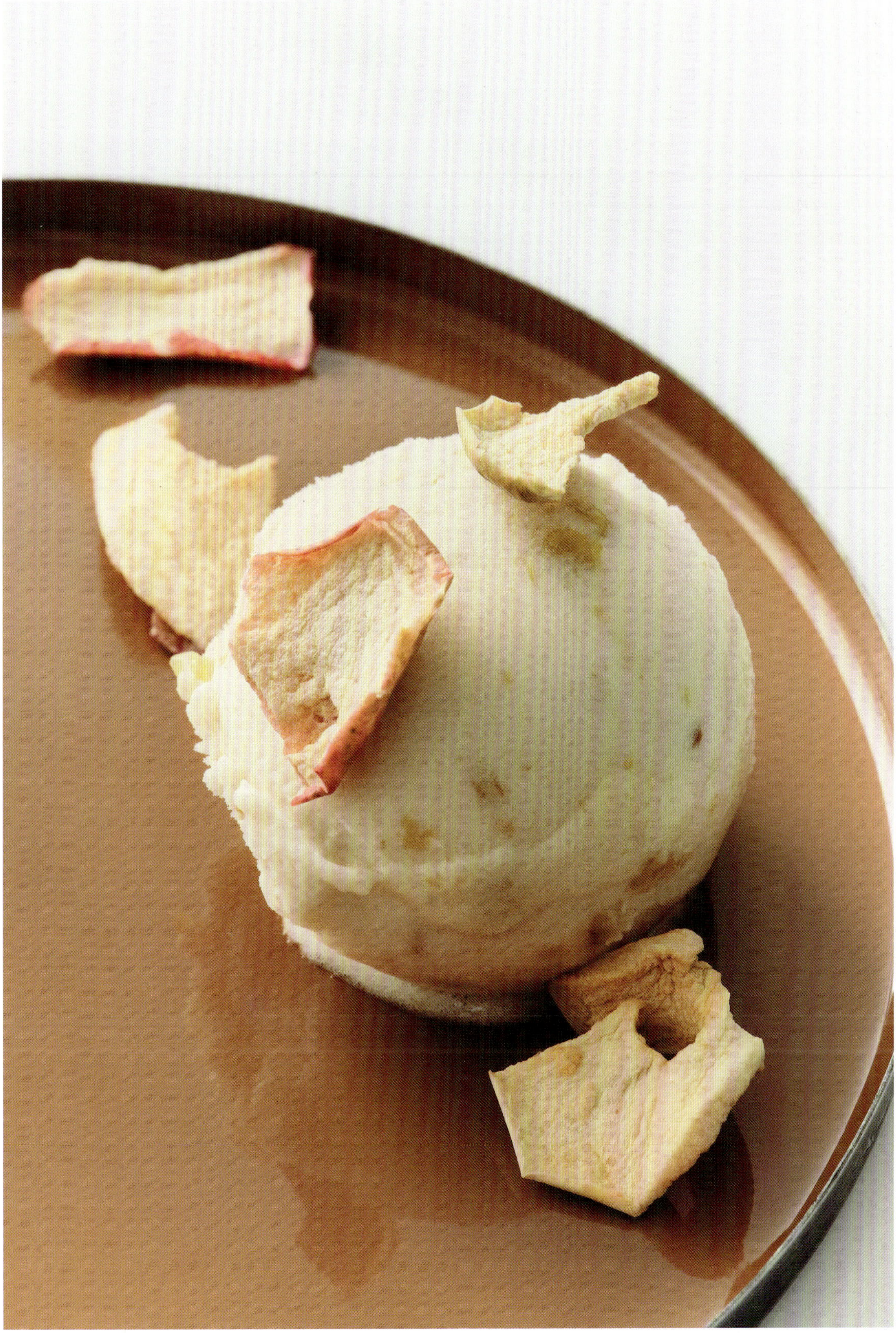

托斯卡納大區

詹法蘭西斯柯・庫特利
Gianfrancesco Cutelli

高大的身材以及說話的方式讓人很難忽視詹法蘭西斯柯的存在，他的嗓音相當低沉，卻能讓在場所有人安靜、成為注目的焦點。我曾在我的課堂上多次注意到他，而且我對這位細心又充滿好奇心、帶有明顯比薩地區口音，同時對冰沙與西西里的傳統有著深厚了解的大個子感到相當好奇。事實上他的冰淇淋店「De Coltelli」主要位於比薩（Pisa）和盧卡（Lucca），但他卻是西西里島米拉佐人（Milazzo）。現今，詹法蘭西斯柯被認為是義大利最優秀的義式冰淇淋師，且同時是國際高級冰淇淋大師學校（maestri della Scuola internazionale di alta gelateria）的一員。

義式牛奶佐三種巧克力碎片冰淇淋
Stracciatella ai tre cioccolati

這份食譜原意是為了讓這道深受小孩子喜愛且簡單的義式冰淇淋口味變得更加有趣。一開始的步驟，會在濃郁的牛奶中添加鮮奶油，並在最後的乳化攪拌階段，加進三種不同的巧克力。

材料

- 全脂牛奶 680 克
- 鮮奶油（脂肪含量 35%）125 克
- 蔗糖 115 克
- 葡萄糖 64 克
- 角豆粉 3 克
- 鹽 1 克
- 56% 黑巧克力可可碎片 40 克
- 融化的可可塊 80 克
- 單一原產地 72% 黑巧克力 50 克

除巧克力外，將所有的材料於一小鍋或美善品食物料理機進行巴氏殺菌加熱至攝氏 85 度，待其冷卻後，放進冰箱靜置冷藏 12 小時。

接下來在冰淇淋機進行乳化攪拌，最後在色彩波紋裝飾時，加進可可碎片、融化的可可塊——它會在與冰淇淋接觸後凝固，並在家用冰淇淋機的攪拌下，和南美洲的單一原產地巧克力片一起被「撕成碎片」。

建議搭配食材

這又是一道適合單獨品嚐的冰淇淋，以便充分感受冰淇淋濃郁香氣中的細微差別。

核桃生薑義式冰淇淋
Noci e zenzero

這道食譜有一段奇怪的來歷，它來自詹法蘭西斯柯一位老顧客的推薦。在冰淇淋店，顧客通常都會提出一些不太可能且不太「商業化」的冰淇淋口味組合。然而，詹法蘭西斯柯卻向我保證：「這是一道非常成功的冰淇淋風味組合。」

材料

- 全脂牛奶 663 克
- 蛋黃 16 克
- 蔗糖 115 克
- 葡萄糖 65 克
- 角豆粉 3 克
- 鹽 3 克
- 核桃醬 45 克
- 切碎的核桃仁 90 克
- 整顆核桃仁 40 克
- 糖漬生薑 50 克

首先在一小鍋或美善品食物料理機加熱牛奶、鮮奶油和蛋黃，再將所有的食材進行巴氏殺菌加熱至攝氏 85 度。當溫度至攝氏 40 度時，倒進粉末類的材料、核桃仁醬和核桃仁碎，再放進冰箱冷卻至攝氏 4 度。

接著進行乳化攪拌，取出冰淇淋時，撒上整顆核桃仁和糖漬生薑作色彩波紋裝飾。

建議搭配食材
應單獨品嚐。

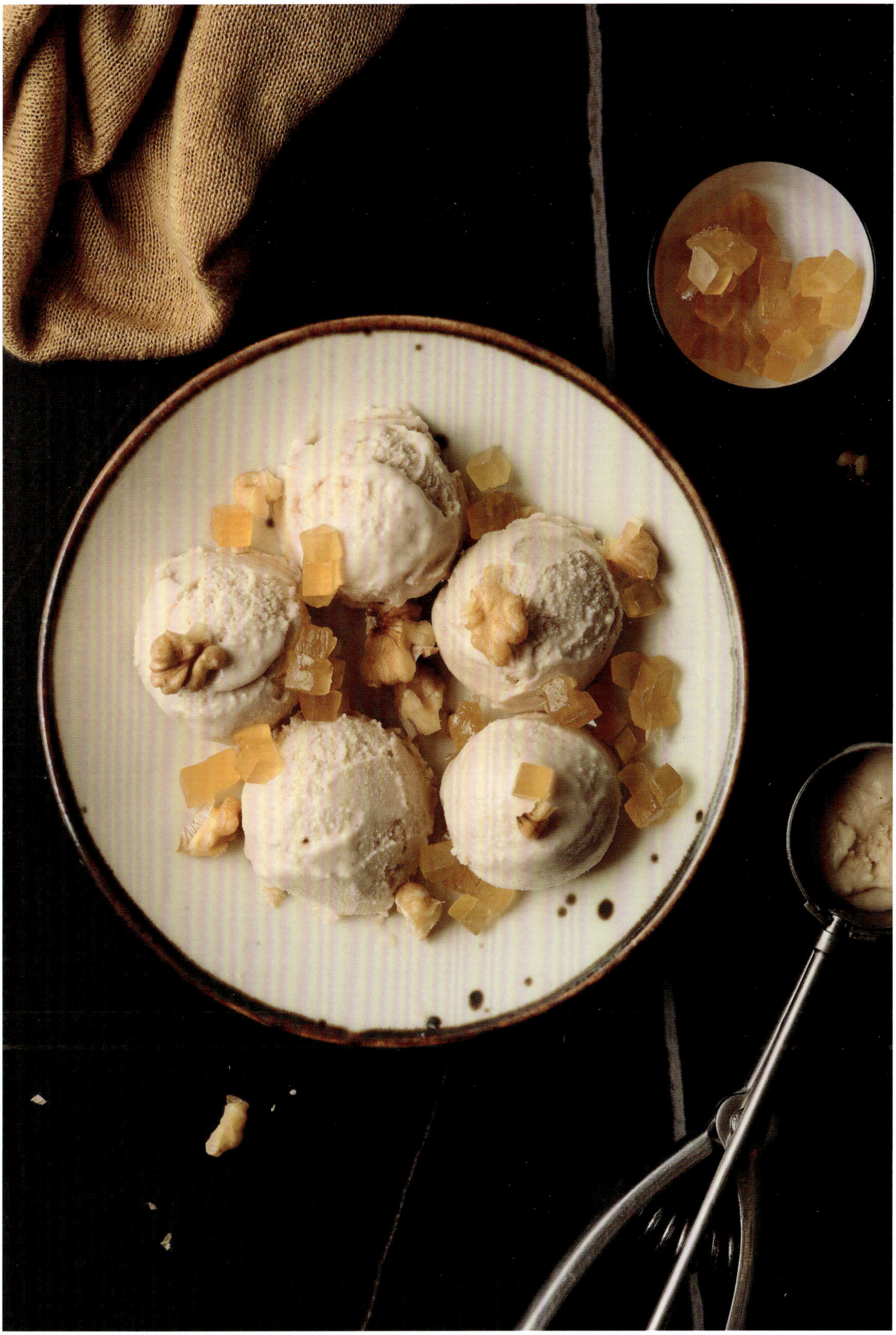

拉齊奧大區

瓦勒利歐・艾司波西多
Valerio Esposito

瓦勒利歐是一位年輕的義式冰淇淋師傅，他從父親那繼承了對巧克力和甜點的熱愛，這也促使著他積極學習與嘗試，直到他決定在拉帝納省（Latina）阿普利亞市（Aprillia）的 Tonka 冰淇淋店外，再開設一家專門製作巧克力的工作坊——「Divino」，從可可豆入手，並精選產地稀有且香味濃郁的可可豆。瓦勒利歐同時是位溫文爾雅、心地善良的大個子，並因義式冰淇淋大師文化協會（Gelatieri per il gelato）廣為人知。

烏龍茶發酵柳橙義式冰淇淋
Tè oolong e arancia fermentata

烏龍茶以中文來解釋是「黑色的龍」之意。這種茶以其藍綠色的茶葉命名，同時也說明了其製作的工法。烏龍茶的茶香優雅、和諧且花香濃郁，因此許多專家稱其為「茶中香檳」。瓦勒利歐告訴我，他選擇這些原料，是因他所在的城市有一處專門進口這些原料的店家：自從他發現了這個店家後，它就成了瓦勒利歐尋找新材料的重要來源。食譜裡還包括了當地發酵的柳橙，它們為冰淇淋帶來十分獨特的風味，如甘味與鮮味。

材料

- 蔗糖 170 克
- 葡萄糖漿粉 65 克
- 葡萄糖 55 克
- 菊糖 10 克
- 中性穩定劑 5 克
- 水 595 克
- 烏龍茶 30 克
- 檸檬汁 20 克
- 發酵柳橙 80 克

除了柳橙外，將所有食材以打蛋器乾燥攪散均勻，再倒入水混合。接著，將茶葉放入裝有熱水的茶壺中，再倒進混合好的食材，接著置於火源加熱至攝氏 75 度。然後冷卻至攝氏 4 度，加進檸檬汁和發酵柳橙，加以攪拌後進行乳化攪拌成冰淇淋。

建議搭配食材
適合搭配醃漬旗魚。

製程補充

發酵柳橙 Arance fermentate

材料

- 整顆柳橙 920 克
- 無碘精鹽 80 克

將柳橙切成條狀，並用鹽裹上，放進罐子裡。用攪拌棒壓一下直到稍微流出柳橙汁。確保第二天流出的橙汁蓋過柳橙的果肉，若沒有可再用攪拌棒輕壓一下。在室溫下靜置約一個月後，再將柳橙攪拌均勻。

分解式巧克力義式冰淇淋
Cacao scomposto

這是一款純天然的秘魯庫斯科 Chunco 可可脂冰淇淋，上面撒有自該可可豆萃取的天然可可粉，就如可可豆的脂肪和其乾燥的成分以不同的比例重組於冰淇淋內。

材料

- 蔗糖 120 克
- 脫脂奶粉 75 克
- 30 DE 葡萄糖漿 55 克
- 葡萄糖 25 克
- 中性穩定劑 5 克
- 全脂牛奶 650 克
- 鮮奶油（脂肪含量 35%）20 克
- 可可脂 50 克
- 天然可可粉

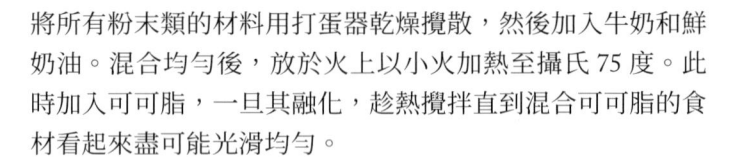

將所有粉末類的材料用打蛋器乾燥攪散，然後加入牛奶和鮮奶油。混合均勻後，放於火上以小火加熱至攝氏 75 度。此時加入可可脂，一旦其融化，趁熱攪拌直到混合可可脂的食材看起來盡可能光滑均勻。

接著放進冰淇淋機進行乳化攪拌，冰淇淋取出時，撒上與冰淇淋所用的天然可可脂產地相同的可可粉。

建議搭配食材
適合搭配燉兔肉。

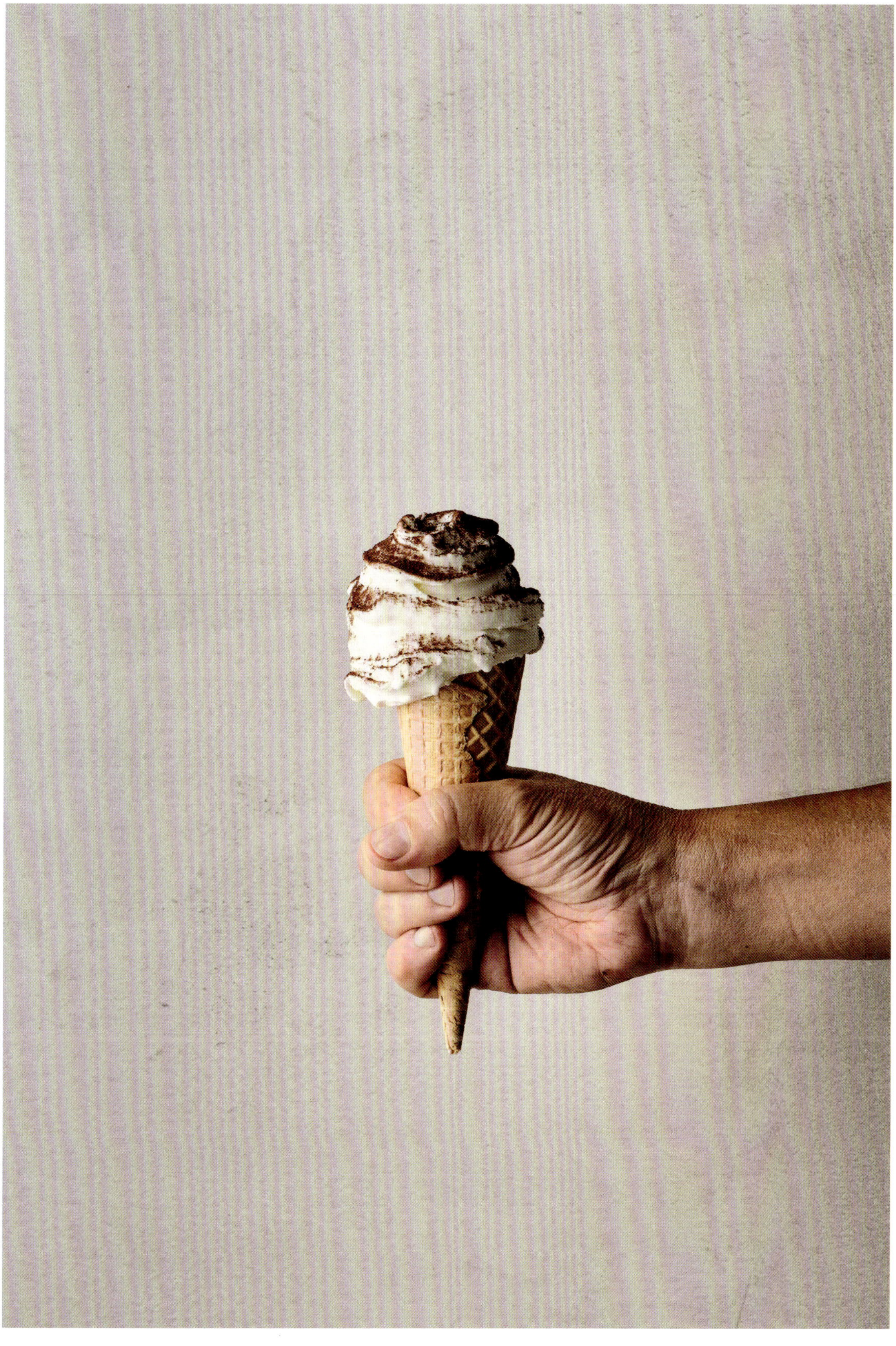

利古利亞大區

瑪爾蒂娜・法蘭西斯柯尼
Martina Francesconi

瑪爾蒂納是一位年輕的冰淇淋師傅，卻有個原創巧思：將義式冰淇淋和閱讀結合成一家能提供美食的書店。在她位於熱內亞市中心的冰淇淋店「Gelatina」，便是一處能一邊品嚐美味的冰淇淋，一邊坐下來選購一本好書的店舖。

西洋梨粉紅胡椒義式冰淇淋
Pera e pepe rosa

這道義式冰淇淋食譜並不常見，但卻容易複製。

材料

- 有機成熟的阿巴特梨（Pere abate）540 克
- 水 330 克
- 百花蜜 50 克
- 蔗糖 165 克
- 粉紅胡椒粒 10 克
- 檸檬汁 1 顆的量

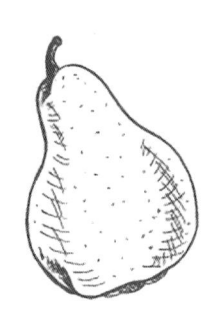

將梨子帶皮切開後，迅速擠上檸檬汁以免梨子變黑。

將水和蔗糖混合，並倒入梨子和粉紅胡椒，不斷攪拌直至胡椒變碎。

接著將混合好的食材過濾，去除多餘的粉紅胡椒粒。最後放進冰淇淋機進行乳化攪拌。

建議搭配食材
新鮮的熱那亞乳酪，像是「prescinsêua」（其稠度介於優格和瑞可塔乳酪之間，有一點酸味）。

橙花巧克力義式冰淇淋
Massa ai fiori d'arancio

這款手工義式冰淇淋是以 100% 馬拉克黑巧克力塊（massa di cacao 100% Maracaibo）為基底，加了苦橙花水提味。同時還添加了含有大量栗子香味且來自安托拉山谷（val d'Antola）的百花蜜。

材料

- 橙花水 550 克
- 46 DE 葡萄糖漿 30 克
- 百花蜜 90 克
- 葡萄糖 135 克
- 中性穩定劑 5 克
- 馬拉克可可塊 190 克

將水、葡萄糖漿和蜂蜜混合，置於火上加熱至攝氏 80 度。

接著將粉末類的材料乾燥攪散，並倒進剛剛混合好的液體中。當溫度達到攝氏 45 度時，加入可可塊，並加熱到攝氏 85 度。

接下來，將混合好的材料放進冰箱至少 4 或 5 小時，再進行乳化攪拌。

建議搭配食材
適合搭配烤豬肉。

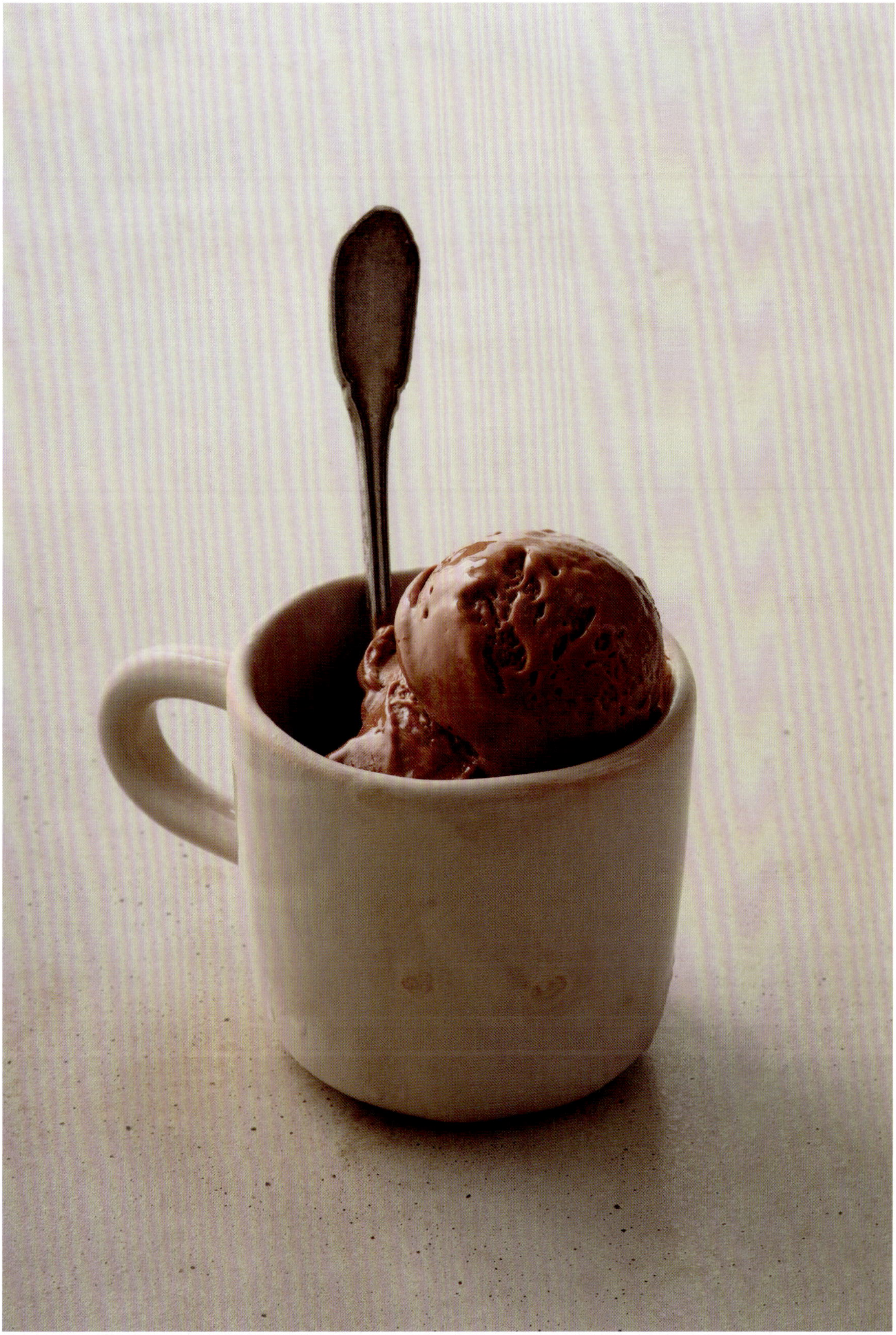

皮耶蒙特大區

阿爾貝托・馬爾凱提
Alberto Marchetti

阿爾貝托就像是一座不停噴發創意的火山，每次我見到他，他都已經完成了一、兩個新專案，或告訴我他想研發的新點子。我們一起參加了義大利冰淇淋大師的課程（Maestri della gelateria italiana），然後在他位於家鄉都靈市（Torino）的義式冰淇淋店「Casa Marchetti」，創辦了國際高級冰淇淋學校，現在該學校在波隆那省的萊諾河畔卡薩萊基奧（Casalecchio di Reno）也設有分校。

阿爾貝托喜歡以簡單的方式製作冰淇淋、尋找最好的食材、同供應商建立關係。以他的名字命名的冰淇淋店遍佈皮耶蒙特大區、倫巴底大區和利古利亞大區。

摩卡咖啡義式冰淇淋
Caffè moka

這是一道經典的咖啡冰淇淋口味,能在家用摩卡壺製作。

材料

- 以摩卡壺煮的咖啡 600 克
- 蔗糖 100 克
- 角豆粉 2 克
- 鮮奶油(脂肪含量 38%)200 克
- 含糖煉乳 100 克

以摩卡壺準備咖啡,將糖和角豆粉混合後,將其溶於剛煮好的熱咖啡中。接著加入鮮奶油和煉奶,攪拌均勻,然後放進冰箱冷卻,並倒進冰淇淋機進行乳化攪拌。

建議搭配食材

適合搭配一杯由咖啡、奶泡和巧克力製成的皮耶蒙特「彼雀令」巧克力飲料(Bicerin)。

起司蘋果肉桂蛋糕義式冰淇淋
Cheesecake mela e cannella

阿爾貝托的義式冰淇淋的其中一個特色，便是使用與都靈冰淇淋傳統相關的食材：煉乳。而這道食譜，將煉乳、鮮奶油乳酪（formaggio spalmabile）和當地的蜜餞蘋果相結合。

材料

- 全脂牛奶 515 克
- 鮮奶油（脂肪含量 38%）100 克
- 含糖煉乳 70 克
- 蔗糖 46 克
- 葡萄糖 17 克
- 脫脂奶粉 83 克
- 角豆粉 2 克
- 關華豆粉 1 克
- 鮮奶油乳酪（Formaggio spalmabile）166 克
- 蜜餞蘋果 150 克
- 肉桂餅乾 100 克

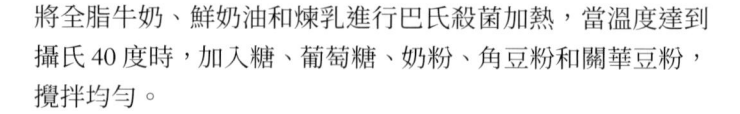

將全脂牛奶、鮮奶油和煉乳進行巴氏殺菌加熱，當溫度達到攝氏 40 度時，加入糖、葡萄糖、奶粉、角豆粉和關華豆粉，攪拌均勻。

當溫度加熱到攝氏 85 度後，放進冰箱冷藏 12 小時。待混合好的材料冷卻完成，加進鮮奶油乳酪，攪拌後便可進行乳化攪拌成冰淇淋。

最後，倒入蜜餞蘋果和肉桂餅乾碎。

建議搭配食材
乳酪、蘋果和肉桂對比的味道，使這道冰淇淋的風味獨具一格（僅適宜單獨享用）。

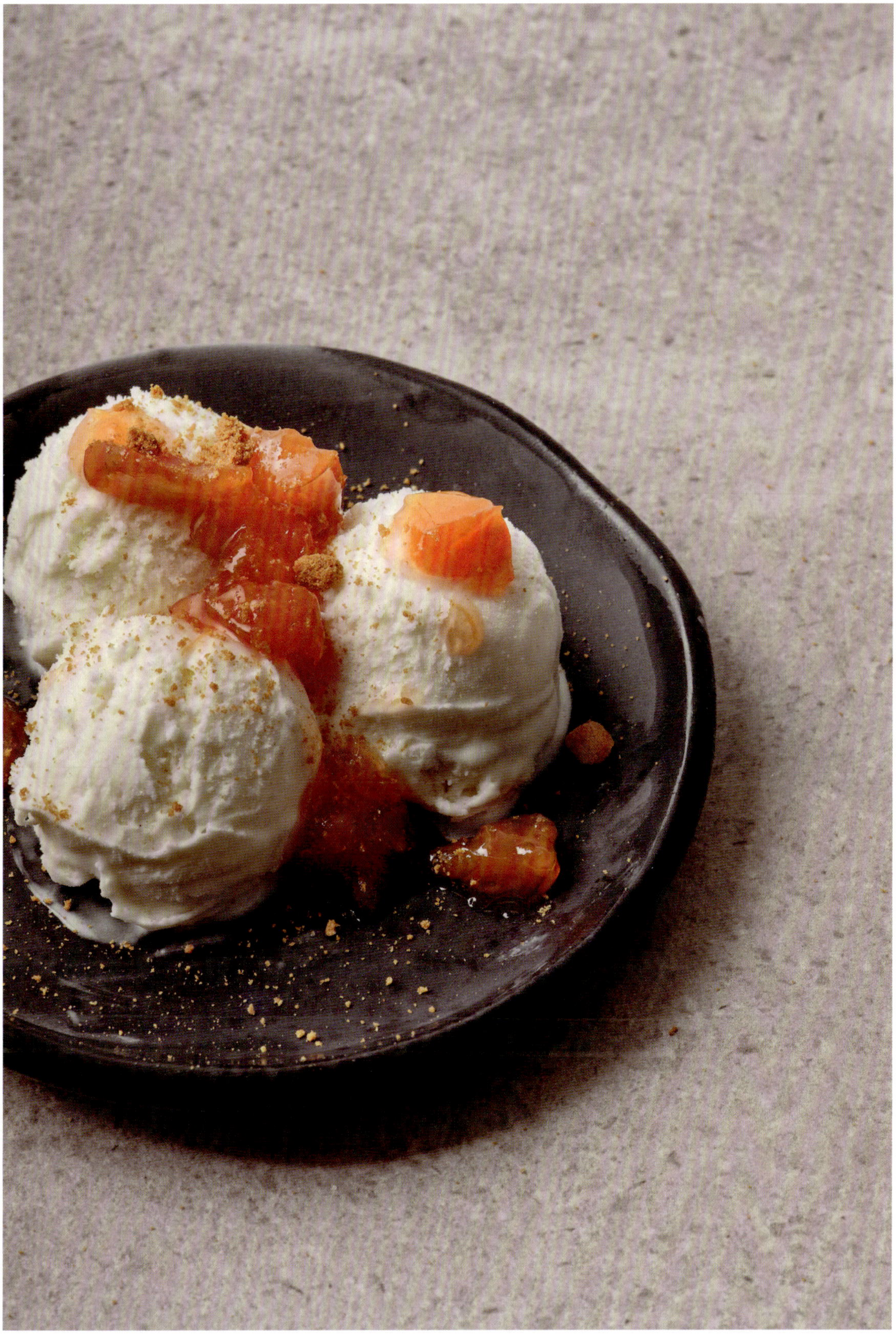

威尼托大區

安東尼奧・梅札利拉
Antonio Mezzalira

安東尼奧是一位對美食和烹飪有著深入了解的冰淇淋師傅，同時也是在業界第一批嘗試極端組合的大師。他那位於帕多瓦市（Padova）加左鎮（Gazzo）的冰淇淋店「Golosi di natura」專門提供經典或創新的義式冰淇淋口味。安東尼奧的身影總是出現在業界內的雜誌、比賽和展會上，基本上只要有冰淇淋的地方，就有他。多年來，他也在各學校擔任顧問和教學工作。

琥珀花瓣風乾葡萄甜白酒義式冰淇淋
Petali d'Ambra

這款義式冰淇淋，主要以奶醬搭配產自尤加尼亞山丘（colli Euganei）的 Vigna Roda 酒莊的「琥珀花瓣」風乾葡萄甜白酒（Passito Petali d'Ambra）製成。安東尼奧稱其為「冬日冥想專用」的配方。

材料

- 全脂牛奶 400 克
- 鮮奶油（脂肪含量 35%）170 克
- 蔗糖 100 克
- 30 DE 葡萄糖漿 80 克
- 脫脂奶粉 57 克
- 蛋黃 50 克
- 中性穩定劑 3 克
- 琥珀花瓣風乾葡萄甜白酒（Vino Passito Petali d'Ambra）140 克

除了甜白酒外，將所有食材秤重、混合後，以巴氏殺菌加熱至攝氏 85 度，接著將混合好的材料蓋好，冷卻於攝氏 4 度下，並靜置至少 12 小時。

最後放進冰淇淋機進行乳化攪拌，並啟動製冷循環的機制，在這個階段，可緩緩倒入之前在冰箱冷藏的風乾甜白酒。

建議搭配食材
適宜搭配義式油酥餅乾（Biscotti di frolla）或 70% 黑巧克力。

牛奶義式冰淇淋佐榛果巧克力醬和白珍珠玉米粉餅乾
Crema con salsa gianduia e biscotti biancoperla

這道冰淇淋的色彩波紋裝飾，是選用特雷維索省（Treviso）被列為慢食協會美味方舟珍稀食材的白珍珠玉米粉（Biancoperla），所製成的餅乾。

材料

- 全脂牛奶 477 克
- 鮮奶油（脂肪含量 35％）170 克
- 蔗糖 180 克
- 相思樹蜜 20 克
- 蛋黃 150 克
- 角豆粉 2 克
- 鹽 1 克
- 白珍珠玉米餅乾

將所有的食材攪拌混合，小心避免結塊，接著將其加熱至攝氏 82 度，充分攪拌防止黏鍋。然後將加熱完成的混合材料放進冰箱冷藏至少 12 小時，再倒進冰淇淋機進行乳化攪拌。

在最後的乳化攪拌階段，可加入一部分的白珍珠玉米餅乾碎，冰淇淋取出來時，再撒上榛果巧克力醬和其餘的白珍珠玉米餅乾作色彩波紋裝飾。

建議搭配食材
法式薄餅佐以焦糖、戈貢佐拉起司（gorgonzola）和切成條狀的煙燻五花肉。

製程補充

白珍珠玉米餅乾 Biscotti di mais biancoperla

材料

- 在來米粉 300 克
- 白珍珠玉米粉 300 克
- 奶油 250 克
- 蛋黃 100 克
- 蔗糖 250 克
- 鹽 2 克
- 甜點專用酵母粉 4 克
- 香草豆莢 1 根
- 有機檸檬 1 顆

將在來米粉和白珍珠玉米粉過篩入碗中，形成一個凹口時，加入切成小塊的軟化奶油。在行星式攪拌機內，以打蛋器的配件將蛋黃和糖打發直到呈現淺色狀，然後將其倒進麵粉中央揉成麵團。

接著加入鹽、酵母粉、香草籽和磨碎的檸檬皮，再次揉捏麵團，待其均勻後，像做義式面疙瘩（Gnocchi）一樣，將麵團搓成直徑約 4 釐米的圓柱形，然後切成約 5 厘米長的小段。最後將餅乾略為分散地放在鋪有烘焙紙的烤盤上，並以攝氏 180 度烤約 15 分鐘。

榛果巧克力醬 Salsa gianduia

材料

- 榛果可可巧克力醬 425 克
- 有機米糠油 75 克

用刮刀將這兩種材料以隔水加熱的方式混合均勻。

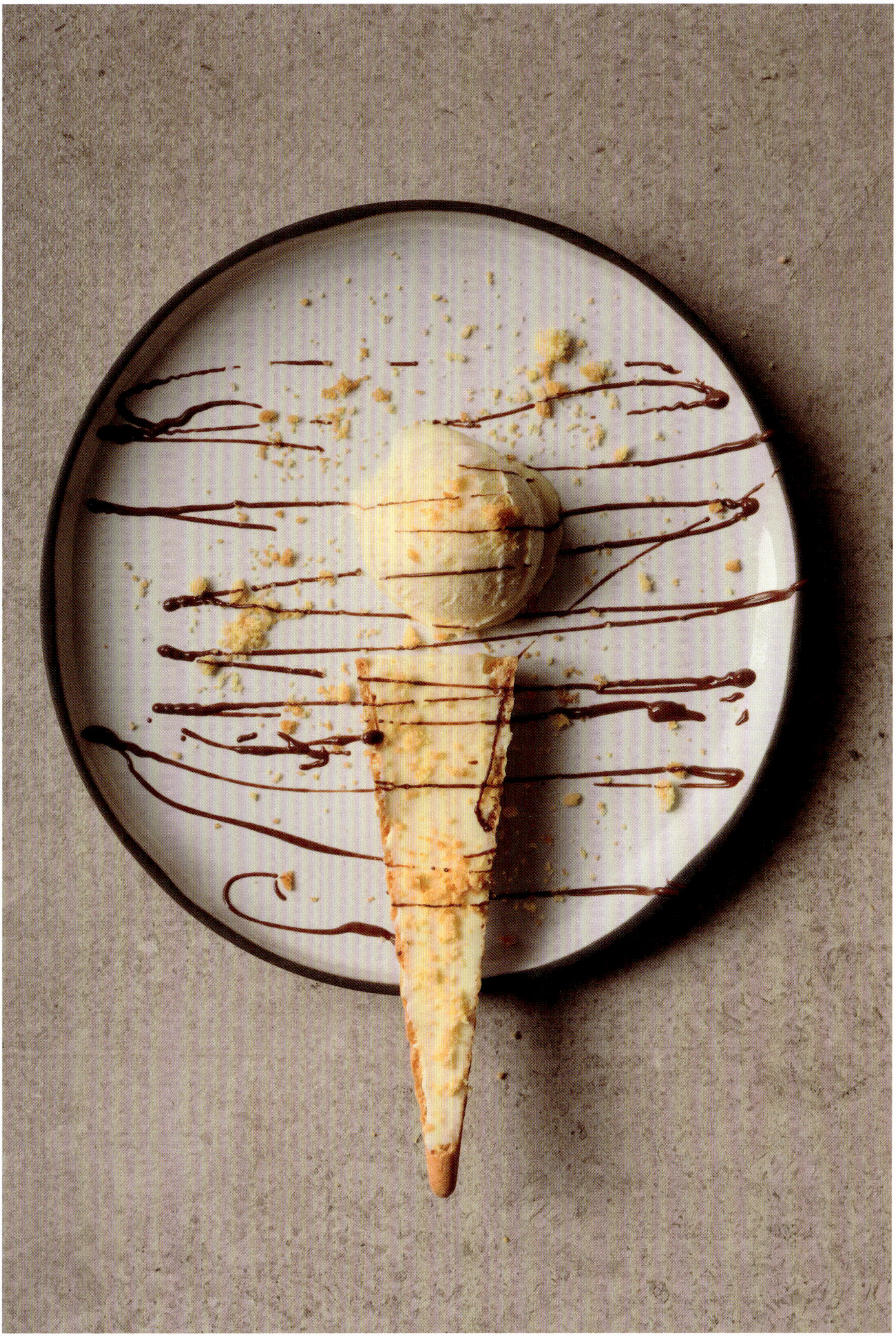

西西里島

喬凡娜・穆蘇莫奇
Giovanna Musumeci

喬凡娜被視為西西里冰沙界的女王、黑帶級的高手，也是她父親——聖托（Santo，西西里島特里那克亞鎮上冰淇淋和甜點界的傳奇人物）——當之無愧的繼承人。要在父親威嚴的陰影下嶄露頭角並非易事，但她卻成功做到了。如今，她已成為義大利冰淇淋業界最受尊敬且具新意的大師之一。在 #Randazzocaputmundi 的熱潮下，大批的顧客、記者、同行甚至一些搖滾巨星來慕名來到她與姊妹一起經營的甜點店「Santo Musumeci」，當然這一切都在「聖人」（喬凡娜父親其名亦有聖人之義）的監督下。

羊奶瑞可塔乳酪義式冰淇淋
Sopra la panca

除羊奶外，這款冰淇淋的食材還包含了羊奶瑞可塔乳酪，並用當地的柑橘和可可脂「調味」。

材料

- 羊奶 200 克
- 蔗糖 200 克
- 鮮奶油（脂肪含量 35%）98 克
- 角豆粉 2 克
- 羊奶瑞可塔乳酪 500 克

除羊奶瑞可塔乳酪外，在一小鍋以中小火加熱其餘所有的材料 20 分鐘，或可使用美善品食物料理機將其加熱至攝氏 70 度，同時攪拌 20 分鐘（瑞可塔乳酪得在冰涼的狀態下添加）。

接下來放進冰箱冷卻幾個小時，進行乳化攪拌前，倒進瑞可塔乳酪，以攪拌機攪拌後，再放進家用冰淇淋機加以冷凍。

最後上桌時，淋上柑橘醬和可可粉做色彩波紋裝飾。

建議搭配食材
適宜搭配烤麵包佐奶油和鯷魚。

製程補充

柑橘醬 Salsa di mandarino

材料

- 柑橘 800 克
- 蔗糖 400 克
- 果膠 5 克

若家裡剛好有美善品食物料理機，可將所有的材料放進去，並加熱至攝氏 85 度，接著放進冰箱冷卻後，在柑橘醬裡加入少許的可可粉，以便於義式冰淇淋色彩波紋階段使用。

非典型杏仁巧克力義式冰淇淋
Gianduia sbagliata

這道杏仁巧克力冰淇淋，是喬凡娜以女性的角度重新詮釋，並以著名的義大利皮耶蒙特大區巧克力製成。然而，她顛覆了傳統配方，將其改造成道地的西西里風味。喬凡娜使用了當地的羊奶，並以諾托杏仁（Mandorle di Noto）取代了榛果；就這樣，非典型杏仁巧克力因而誕生。

材料

- 蔗糖 100 克
- 脫脂奶粉 56 克
- 可可粉（22-24）46 克
- 葡萄糖 32 克
- 29 DE 葡萄糖漿 25 克
- 角豆粉 3 克
- 羊奶 530 克
- 鮮奶油（脂肪含量 35%）72 克
- 70% 黑巧克力 46 克
- 烤杏仁 90 克

將所有的食材進行巴氏殺菌加熱至攝氏 85 度，但在此之前，先在碗中將粉末類材料攪散均勻，同時將牛奶和鮮奶油加熱。

當溫度達到攝氏 45 度，將固態的材料放進正在混合加熱的食材中，並持續加熱直到巴氏殺菌的溫度。

接著，將其放進冰箱中冷卻至攝氏 4 度，並冷藏 12 小時後，進行乳化攪拌。

建議搭配食材
適宜搭配鹹酥餅乾（Frolla salata）和烤茄子醬（paté di melanzane grigliate）。

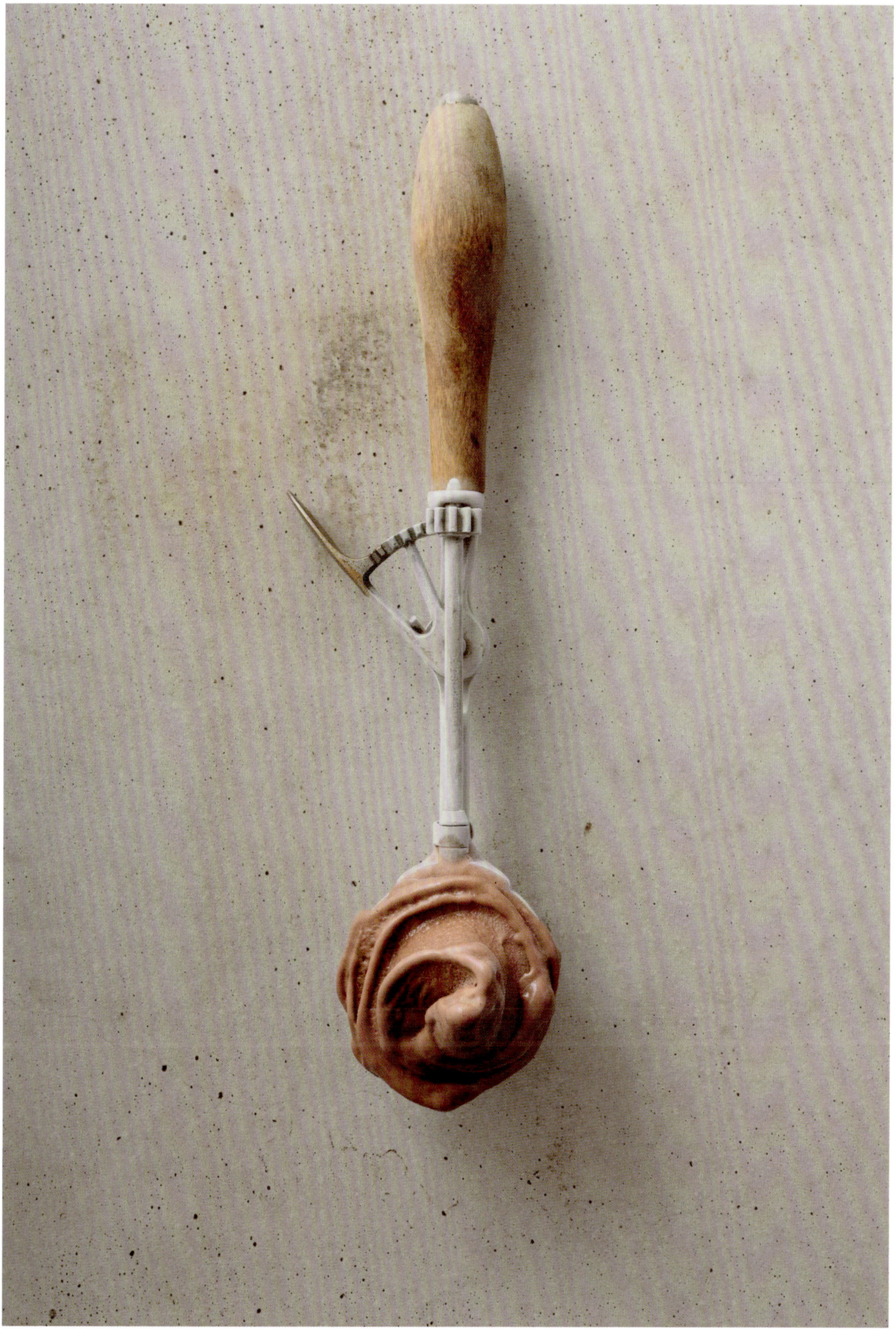

倫巴底大區

露西雅・薩皮雅
Lucia Sapia

我是在 2008 年前認識露西雅，那一年她隨義大利隊參加冰淇淋世界盃大賽（Coppa del mondo di gelateria）且獲得了冠軍的殊榮。我們在卡爾皮賈尼義式冰淇淋大學（Carpigiani gelato university）的碩士課程認識，在她靦腆的笑容後，我立刻注意到她是一位非常有決心且準備充足的人。我還記得，她是義大利第一位於自己的冰舖和工作坊內採用 ISO 認證系統的冰淇淋師傅。如今，她和她的團隊在卡斯特蘭札鎮（Castellanza）和布斯托阿爾西奇奧鎮（Busto Arsizio）之間經營著三家冰淇淋店——Dolce Sogno（甜蜜的夢）——，真可說是她的夢想成真了。

水牛瑞可塔乳酪與檸檬蜜餞佐切爾維亞海鹽義式冰淇淋
Ricotta di bufala e limone candito con sale di Cervia

露西亞非常注重食材的品質和在地特產的發展，因此這道冰淇淋選用距離布斯托阿爾西奇奧 15 公里處的奧萊吉奧鎮（Oleggio）的水牛瑞可塔乳酪為原料，並用添加了切爾維亞海鹽細膩鹹味的檸檬香氣加以平衡其風味。

材料

- 蔗糖 100 克
- 葡萄糖 25 克
- 脫脂奶粉 20 克
- 乳清蛋白 8 克
- 有機全脂牛奶 492 克
- 蜂蜜 12 克
- 鮮奶油（脂肪含量 35%）75 克
- 水牛瑞可塔乳酪 250 克
- 檸檬皮
- 乳清蛋白 8 克
- 切爾維亞鹽 1 克

除了瑞可塔乳酪外，將所有食材進行巴氏殺菌加熱至攝氏 85 度，當混合好的食材冷卻時，將瑞可塔乳酪倒入。首先，在碗中將粉末類的材料攪散均勻，於加熱階段，當溫度達到攝氏 40 度時，倒入含有蜂蜜和鮮奶油的牛奶。接著，將加熱完成的材料冷卻至攝氏 4 度，再倒進瑞可塔乳酪，並將一些嘉爾達的檸檬皮（scorze di limoni del Garda）泡在混合的食材裡至少 12 小時。

最後進行乳化攪拌，當冰淇淋取出時，用半糖漬的檸檬皮和切爾維亞鹽粒進行色彩波紋裝飾。

建議搭配食材
適合與一盤甲殼類海鮮、生紅蝦或韃靼蝦搭配。

製程補充

半糖漬檸檬皮 Bucce di limone semicandite

材料

- 檸檬皮 200 克
- 葡萄糖 200 克
- 水 90 克

在一小鍋裡準備水和糖，加熱後製成糖漿。

再將檸檬皮切成薄片（選擇果皮可食用的天然大檸檬），並在水中浸泡一夜以去除苦味。檸檬皮片洗乾淨後，放進玻璃碗中，接著將其浸入糖漿，以 900 瓦在微波爐加熱 10 分鐘後，讓其冷卻。

初冬的擁抱
Abbraccio di primo inverno

這道冰淇淋選用的食材是布斯托阿爾西奇奧鎮上農場裡的馬斯卡彭乳酪。

材料

- 有機全脂牛奶 600 克
- 鮮奶油（脂肪含量 35%）75 克
- 馬斯卡彭乳酪 75 克
- 蔗糖 120 克
- 葡萄糖 33 克
- 蛋黃 18 克
- 脫脂奶粉 42 克
- 乾型瑪薩拉酒（Marsala secco）38 克

將除了瑪薩拉酒外的所有材料放進一小鍋中加熱（或在美善品食物料理機），並用探針溫度計檢查溫度是否達到攝氏 85 度，然後再將其置於冰箱冷卻。

接著放進冰淇淋機進行乳化攪拌，最後慢慢倒入瑪薩拉酒。享用前，可用焦糖葡萄和煮熟的葡萄果漿點綴色彩波紋。

建議搭配食材

適宜搭配義大利天堂蛋糕（Torta Paradiso）。

製程補充

焦糖葡萄 Uva Caramellata

材料

- 新鮮的紅葡萄 1 公斤
- 蔗糖 350 克

像煮果醬一樣，用小火煮漿果（不去籽）約一個半小時，不須攪拌，再讓其冷卻。

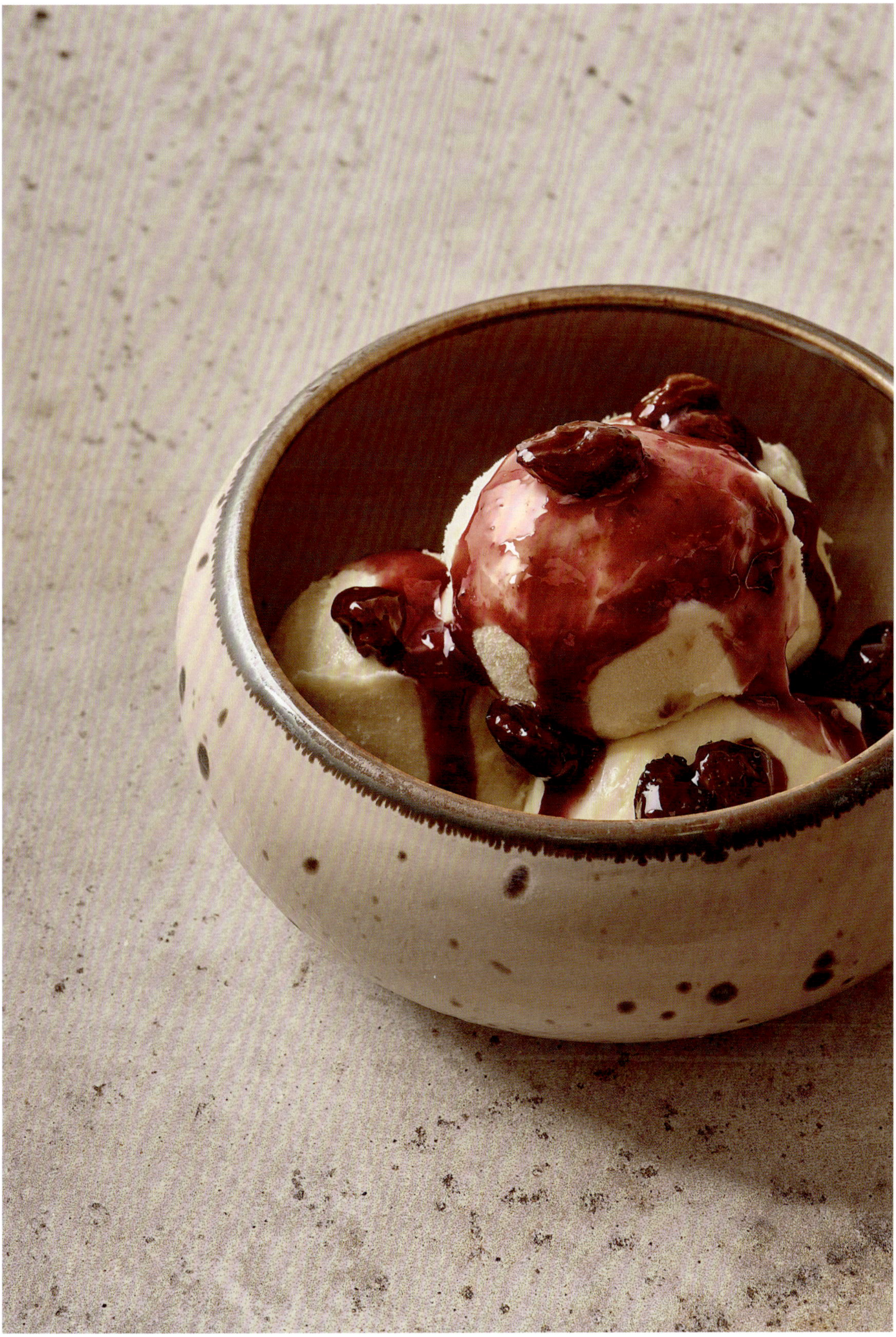

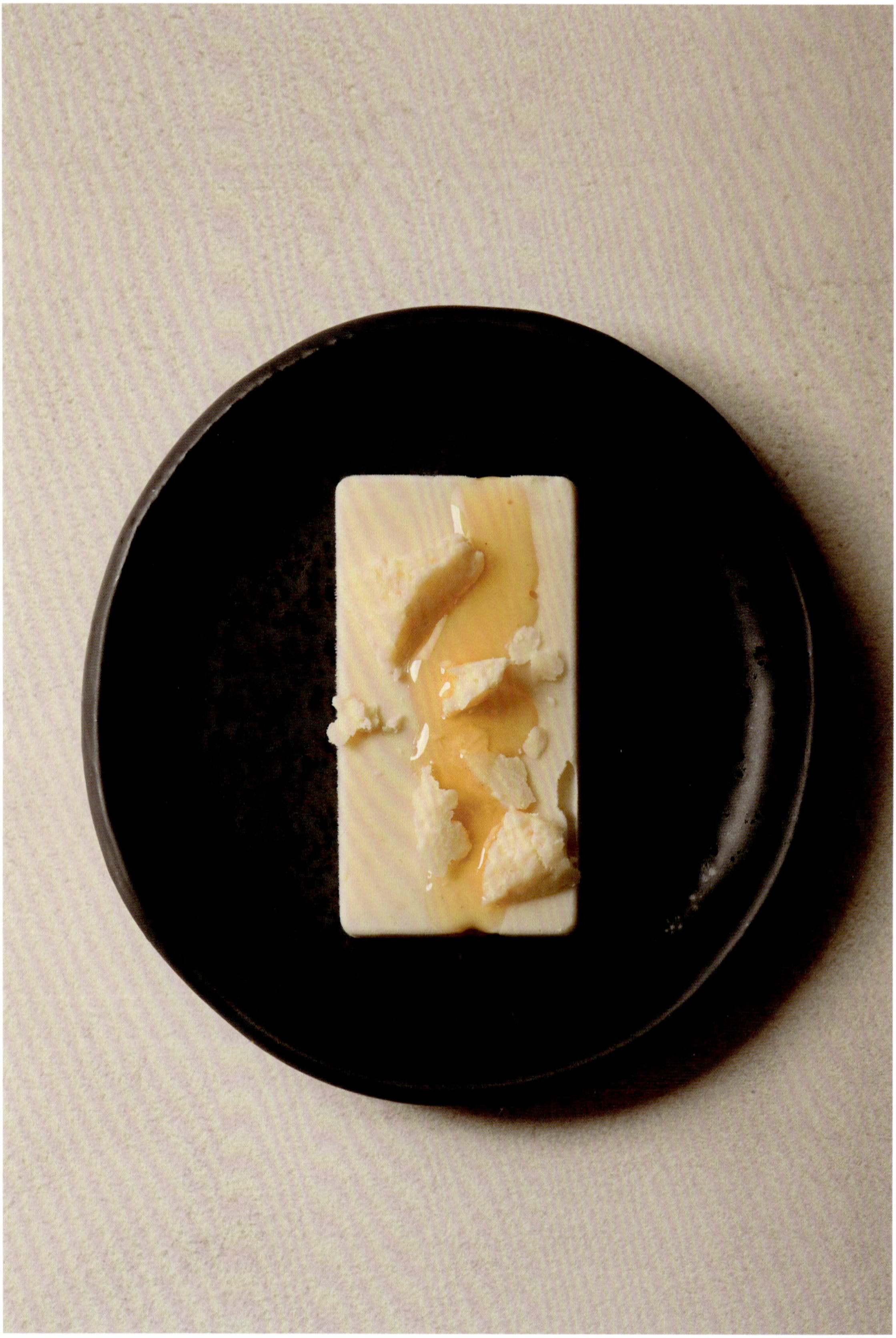

羅伯特・羅柏蘭諾的冬季食譜

皮耶蒙特高山乳酪蜂蜜義式冰淇淋
Castelmagno d'alpeggio e miele di montagna

1998 年至 2000 年間，我曾在巴洛羅（Barolo）與阿爾巴（Alba）山區工作，我還記得一次品嚐了佐以蜂蜜調味的皮耶蒙特高山 Castelmagno 乳酪的美食體驗。我因此將德馬丁（Des Martin）公司，其來自海拔 1600 米以上的高山牧場的 Castelmagno 乳酪（被列為慢時協會美味方舟的珍稀食材），與來自 La Lunatica 農場的阿爾卑斯山百花和杜鵑花蜜（rododendro）相結合。

皮耶蒙特高山乳酪主要於夏季時製作，但根據慢食協會美味方舟珍稀食材認證的規定，必須熟成至少四個月，以便於初冬時節發揮最佳品質。

材料

- 全脂牛奶 585 克
- 鮮奶油（脂肪 35%）110 克
- 皮耶蒙特高山 Castelmagno 乳酪 90 克
- 高山百花蜜 185 克
- 鹽 2.5 克
- 蔗糖 15 克
- 角豆粉 2 克
- 洋菜 0.5 克
- 一些花粉粒

將牛奶和鮮奶油加熱，在攝氏 30 度時，加入磨碎的皮耶蒙特高山 Castelmagno 乳酪、蜂蜜和鹽，攪拌均勻。接著將糖、角豆粉和洋菜乾燥地攪散均勻，在其他混合的材料溫度加熱到攝氏 50 度時將它們加入。持續加熱至攝氏 85 度後，再讓其冷卻至攝氏 4 度並靜置 12 小時。

進行乳化攪拌前，先將冷卻好的材料用力攪拌，並加以過濾去除結塊。最後再撒上花粉粒進行色彩波紋裝飾。

建議搭配食材

適宜搭配原產地嚴控的羅埃洛產區的阿內斯白葡萄酒（Roero Arneis DOCG）。

結語

我希望這場走訪義大利各地區的「季節之旅」能激發讀者的想像力，並鼓勵各位嘗試眾位涼食料理專家所建議的食譜。本書背後所有的主人公們，都具備多年的經驗以及通過雙手、巧思和心靈所交會而成的個人特色。他們每個人在專業領域中，都充分表現出了歸屬感和自我身份的認同。

義式冰淇淋是一種創造力的展現，也可以成為美食文化和提升在地特產的媒介。當文化、專業技能、想像力、創造力和美味相結合時，義式冰淇淋甚至可成為一門藝術。將其視為一種高級烹飪的料理一點也不為過：仔細研究冰淇淋的製作過程，其複雜程度相當之高，並可巧妙變化冰淇淋的質地和玩轉風味上的和諧度。

真正熱愛義式冰淇淋的人都知道，它並不是一道簡單、冰涼且僅屬於夏季的甜點。一年四季都有可製成冰淇淋的食材，每個地區也都有當地的農特產品，得以轉化成義式冰淇淋，因此每個時節，它都能成為餐點的佐餐或取代點心，甚至扮演早餐的角色。不過，義式冰淇淋也能作為道德選擇上的一種體現，像是對自己的家鄉、以不剝削大自然的方式獲得成果的農人，以及我們對地球的尊重。

特別是在義大利，義式冰淇淋是與社交場合緊密相連的甜點，能激發人們的分享慾，也能成為支持撫慰我們的媒介：儘管解讀的方式各有不同，但它可以視為一種團結的象徵。

正因如此，我才會想到將創造於2017年一場活動的冰淇淋口味，作為本書結尾的食譜。那是一場由聯合國基金會（Unicef）、義大利職業一級足球聯盟（Lega Pro）和我有幸作為協會一員的義式冰淇淋大師協會（Associazione Gelatieri per il gelato），一同舉辦幫助兒童的活動。這是一場跨區域的味覺之旅，是我在研習的過程中受啟發而獲得的多層次感官之旅，也充滿了象徵性的意義。

這道食譜名為「地中海的擁抱」（Abbraccio mediterraneo），代表了包容與分享。基本上，它融合我國國旗的三種顏色：以牛奶為基底，添加了薄荷和羅勒香料的風味，同時加了我們沿海地區經典的堅果（杏仁、開心果和松子），並以白巧克力碎片和草莓醬裝飾。然而，這道冰淇淋的象徵意義不僅如此，它更展現了「融合」是事物固有的本質。比如說，開心果是一種源自敘利亞的食品，然而在西西里島上，其肥沃的土壤使開心果變得更加美味；而可可果則是來自於世界的彼端，如今卻成為每一道甜點和冰淇淋，無論是經典款還是僅含奶油的版本（如白巧克力），皆是食譜中的常客。之於人，亦是如此。

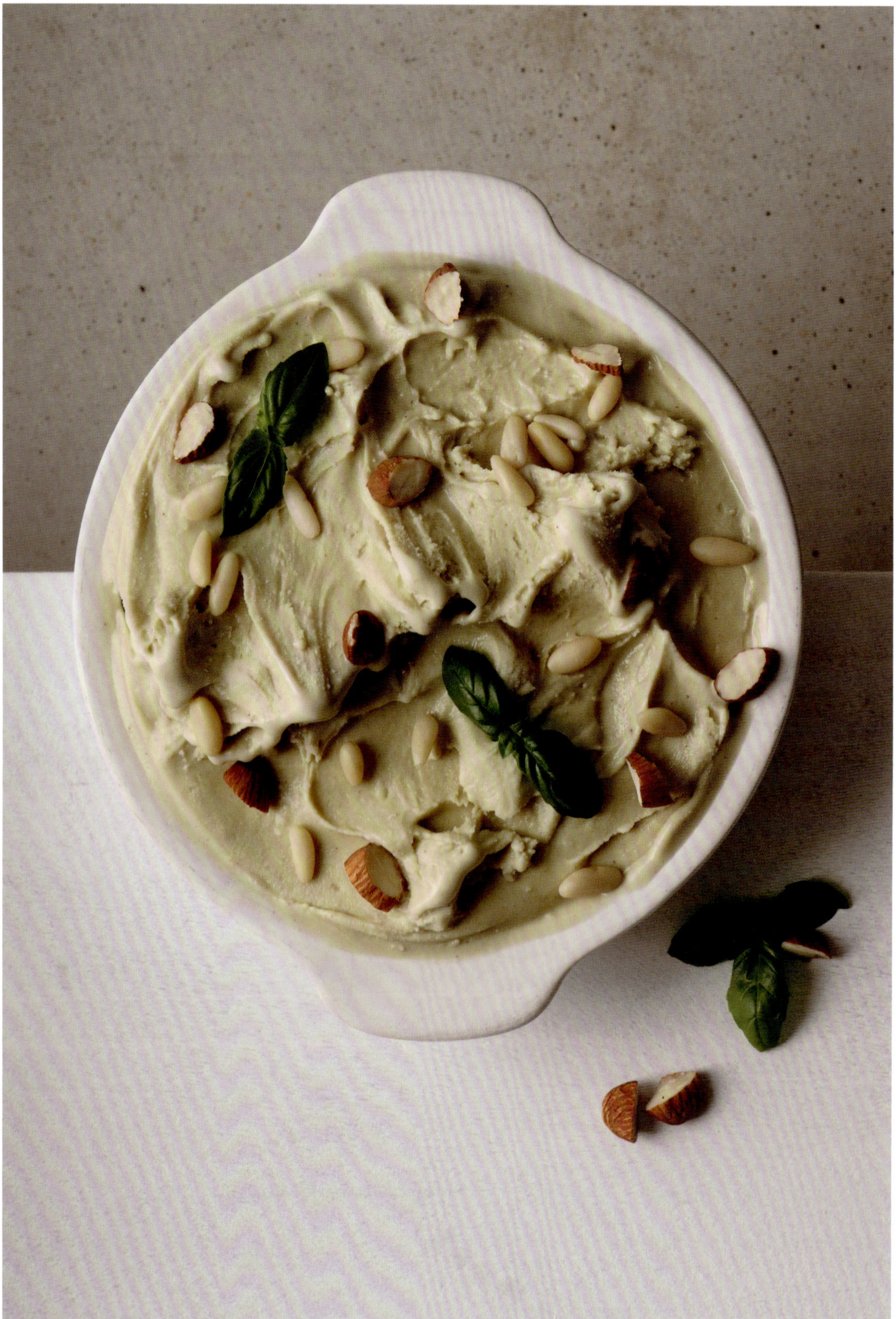

地中海的擁抱
Abbraccio mediterraneo

材料

- 馬爾加山區（Malga）全脂牛奶 690 克
- 鮮奶油（脂肪含量 35%）
- 義大利脫脂奶粉 20 克
- Nostrano 糖 120 克
- 角豆粉 3 克
- 聖羅索雷海灘產區的蜂蜜（Miele della spiaggia di San Rossore）47 克
- 布隆特產區（Bronte）開心果 60 克
- 阿沃拉產區的杏仁（Mandorla di Avola）60 克
- 薄荷葉 5 克
- 羅勒葉 5 克
- 松子 20-30 克
- 白巧克力碎片 30-50 克

將牛奶和奶油加熱至攝氏 45 度後，加入南瓜、穩定劑（角豆粉）和奶粉，然後加熱至攝氏 85 度。接著倒入開心果醬、杏仁醬和蜂蜜，攪拌均勻，接著冷卻至攝氏 4 度。

將羅勒葉和薄荷葉簡單混合後，加進冷卻好的混合材料，然後靜置 12 小時。

接下來將其過濾，留下幾片香料葉子，再次混合並進行乳化攪拌。最後以松子、白巧克力碎片和草莓醬作色彩波紋裝飾。

製程補充

草莓醬 Coulisse di fragole

材料

- 糖 200 克
- 果膠 8 克
- 整顆草莓 650 克
- 38 DE 葡萄糖漿 118 克
- 檸檬汁 24 克

於美善品食物料理機將糖和果膠混合，並加入其他材料，再加熱至攝氏 90 度以低速攪拌 30 分鐘。若使用平底鍋，可用中火煮 30 分鐘，輕輕攪拌，再使其冷卻。

食譜索引

巧克力
特里那克里亞雪酪	13
橙花可可脂義式冰淇淋	30
阿布雷佐甜味披薩義式冰淇淋	121
都靈之吻義式冰淇淋	134
義式牛奶佐三種巧克力碎片冰淇淋	189
分解式巧克力義式冰淇淋	194
橙花巧克力義式冰淇淋	198
非典型杏仁巧克力義式冰淇淋	210

蜂蜜
童年風味義式冰淇淋（百花蜜與芝麻）	14
佛樂多奶油或佛羅蒂娜奶油冰淇淋	17
優格蜂蜜榛果脆片義式冰淇淋	34
蜂蠟義式冰淇淋	46
皮耶蒙特高山乳酪蜂蜜義式冰淇淋	217

橄欖油
特級初榨橄欖油義式冰淇淋	18

香料、堅果
番紅花燉飯風味義式冰淇淋	21
柑橘小茴香雪酪	38
苜蓿草義式冰淇淋	45
羅勒花義式冰淇淋	57
阿列帝科風乾甜葡萄酒醬與小茴香義式冰淇淋	69
斯蒂亞諾開心果雪酪	73
肉桂托瑪迪格雷索尼乳酪義式冰淇淋	109
莫德納25年陳年巴薩米克酒醋義式冰淇淋	113
蘇連托核桃奶醬義式冰淇淋	126
利古雷榛果牛奶蜂蜜義式冰淇淋	138
純素之吻義式冰淇淋	153
苦味冰淇淋	154
水蜜桃洋甘菊酥皮杏仁餅乾義式冰淇淋	158
巴薩米克酒醋奶醬義式冰淇淋	165
薑餅義式冰淇淋	174
聖康斯坦左水果乾蛋糕義式冰淇淋	181
維洛納黃金聖誕麵包義式冰淇淋	185
核桃生薑義式冰淇淋	190
牛奶義式冰淇淋佐榛果巧克力醬和白珍珠玉米粉餅乾	206
地中海的擁抱	221

蔬菜
拉巴巴羅雪酪	22
蒙特山菊苣義式冰淇淋	25
熊果大蒜義式冰淇淋	26
蘆筍杏仁柑橘雪酪	37
布魯斯柯利諾烤南瓜子義式冰淇淋	70
卡多尼亞草莓紅椒雪酪	74
我的卡拉里亞冰沙	94
紅芹菜蘋果核桃雪酪	129

水果
絲貝爾加甜桃雪酪	29
內米草莓雪酪	42
櫻桃佐托里多杏仁奶油糖霜雪酪	53
檸檬蛋奶霜義式冰淇淋	62
維尼奧拉黑莓櫻桃雪酪	65
酸櫻桃香草鹽味雪酪	77
莫雷塔黑莓櫻桃迷迭香義式冰淇淋	78
接骨木杏桃雪酪	81
優格蘋果迷迭香義式冰淇淋	82
加爾加諾仙人掌果雪酪	89
無花果杏仁雪酪	90
佩特羅薩仙人掌果冰沙	93
酸櫻桃雪酪	98
緋紅晚霞雪酪	102
有機瓦爾迪奇亞納無花果雪酪	118
黃桃餡雪酪	130
柿子與糖漬栗子雪酪	133
楊梅雪酪	137
瑞可塔無花果核桃義式冰淇淋	149
蘋果捲義式冰淇淋	150
水果蜜餞甜麵包義式冰淇淋	169